AF358414

SOUVENIRS

D'UN

VIEUX PÊCHEUR

SOUVENIRS

D'UN

VIEUX PÊCHEUR

PAR

M. DE CHAVANNES DE LA GIRAUDIÈRE

TOURS

A. MAME ET Cⁱᵉ, IMPRIMEURS-LIBRAIRES

M DCCC LIII

INTRODUCTION

Deux collégiens, déjà grands garçons, étaient allés passer quinze jours de vacances chez une tante qui demeurait à la campagne. Un matin, ne sachant trop que faire, ils suivaient en flâneurs le bord d'une petite rivière dont les eaux fuyaient en bouillonnant, quand ils virent, sur la rive opposée, un petit vieillard sec et cassé qui pêchait à la ligne. Vêtu d'une espèce de houppelande à ramages, coiffé d'un vaste chapeau de paille, une paire de lunettes sur le nez, le bonhomme s'appuyait d'une main sur une canne et manœuvrait de l'autre sa ligne.

Au moment où nos jeunes gens échangeaient un sourire que l'accoutrement singulier du pêcheur septuagénaire avait fait éclore sur leurs lèvres, sa gaule se courba brusquement, et ses vives et rapides secousses prouvèrent qu'un poisson venait de s'accrocher. Un moment après, une belle truite frétillait dans la main du bonhomme, qui la mit dans un sac à côté de plusieurs autres; puis il s'assit avec effort sur le gazon, plia sa ligne, serra ses ustensiles dans son panier, et s'en alla clopin-clopant.

« Il paraît, dit Victor à son frère, qu'il y a des truites ici. Et ce nigaud de jardinier qui prétendait que les braconniers les avaient toutes prises ce printemps! Puisque ce vieux monsieur, qui se tient à peine debout, en attrape malgré ses lunettes et sa main tremblante, nous qui avons bon pied bon œil et la main leste, ce serait par trop fort si nous n'en prenions pas. Retournons à la maison, et nous allons expédier François à Lyon pour nous acheter des lignes.

A peine rentrés, ils coururent vers le jardinier, et le trouvèrent arrosant ses choux. « Maître François, s'écria Victor, pourquoi nous avez-vous dit qu'il n'y avait plus moyen de prendre des truites dans la rivière ? nous venons d'en voir pêcher.

— Est-ce que vous auriez par hasard rencontré le capitaine ? on le disait bien malade.

— Il ne s'agit pas de capitaine, mais de lignes à nous aller chercher à Lyon.

— Je le veux bien, dit François, avec la permission de Madame ; mais je vous préviens que vos lignes ne vous serviront à rien du tout. Le capitaine prend des truites, c'est vrai ; mais il a un secret pour cela. Il y en a comme ça qui disent qu'il se sert de paroles ; je n'en sais rien ; mais ce qui est sûr, c'est que lui seul en prend dans le pays. Plus d'un a essayé, allez, mais sans voir jamais la queue d'une.

— C'est bon, c'est bon ; apportez-nous de bonnes lignes, et vous verrez, maître François. »

Le lendemain matin, au petit jour, les deux jeunes gens arrivaient à la place où la veille ils avaient vu opérer le capitaine. Avec leurs belles cannes neuves, leurs lignes élégamment roulées sur des plioirs d'acajou, leurs bouchons peints en rouge et en vert, ils s'attendaient à faire merveille.

Pour commencer ils éprouvèrent bien quelques difficultés à attacher les mouches artificielles qu'on leur avait envoyées ; mais Victor, qui s'imaginait qu'un nœud en vaut un autre, fut le premier prêt. Il lance sa ligne en plein courant ; presque aussitôt le bouchon s'enfonce comme un trait ; Victor tire à enlever un esturgeon, et ramène... long comme le bras de sa ligne.

« La belle truite que je viens de manquer ! s'écrie Victor tout pâle d'émotion ; qu'elle était...!» Son bouchon qu'il voit flotter entre deux eaux lui coupe la parole ; ce bouchon tenait encore à la ligne, et celle-ci à une grosse pierre que la transparence de l'eau permettait d'apercevoir distinctement.

Au bout de quatre heures d'une série d'accidents de ce genre, Victor et son frère reprenaient le chemin de la maison avec les débris de leurs lignes, sans avoir vu , selon la prophétie de François, la moindre queue d'une truite.

Ils marchaient depuis vingt minutes , lorsqu'à un coude de la rivière ils trouvèrent le capitaine dans une situation assez embarrassante.

Le bonhomme, en s'avançant un peu trop sur une berge à pic et rongée par le courant, avait glissé avec la terre qui s'était éboulée sous ses pieds. Il n'avait, il est vrai, de l'eau que jusqu'à la cheville ; mais pour sortir de la rivière il lui fallait gravir la berge d'où il était descendu, et cette berge avait plus de deux mètres de haut. Comme pareille ascension était au-dessus de ses forces, le vieillard avait déjà tiré son couteau pour se tailler dans la berge un escalier à son usage.

Victor et son frère lui épargnèrent ce travail. Ils jetèrent leurs lignes, descendirent à côté du capitaine, et le hissèrent en un clin d'œil sur la terre ferme.

Les premiers venus eussent rendu ce service au vieillard ; aussi parut-il moins touché de l'acte en lui-même que de l'empressement, des attentions délicates et des formes respectueuses avec lesquelles les deux frères se conduisirent en cette circonstance.

« Ah ! ah ! dit-il d'une voix clairette après les avoir remerciés, il paraît que nous voulions prendre des truites ? Pauvres enfants ! ajouta-t-il en touchant du bout du doigt leurs cannes et leurs lignes, et avec ça, encore ! Ecoutez-moi : vous venez de me tirer d'un mauvais pas ; eh bien, en retour je vous apprendrai à faire des lignes et à vous en servir, deux choses dont vous ne vous doutez pas. Mais je vous avertis, continua le vieillard en souriant, qu'avant quinze jours vous passerez dans ce pays-ci, où personne ne pêche excepté moi, pour de vrais sorciers ; et quand vous retournerez à Lyon, quelque grand sot comme François vous demandera avec mystère de lui apprendre les *paroles* avec quoi vous accrochez des truites à votre ligne. Venez me voir ; tout le monde vous indiquera l'ermitage du vieux capitaine. »

Victor et son frère acceptèrent l'offre qui leur était faite avec un vif empressement. Le professeur leur apprit que depuis son enfance la pêche avait été son délassement favori ; que, même étant au service, il n'y avait jamais renoncé, et qu'il avait à peu près pêché dans toutes les eaux du globe.

Victor transcrivit sur un cahier les histoires et les conseils qu'il reçut, et le présent livre n'est que le cahier de Victor, revu, corrigé et mis en ordre.

SOUVENIRS

D'UN

VIEUX PÊCHEUR

PREMIÈRE PARTIE

PÊCHE FLUVIALE

CHAPITRE I

I. Poissons d'eau douce. — II. Engins de pêche. — Filets, Nasses. — III. Pêche à la Ligne.

I

POISSONS D'EAU DOUCE.

Avant de raconter la guerre acharnée et pleine de perfidie que l'homme fait aux muets habitants des eaux, il me semble indispensable de dire quelques mots des mœurs et des habitudes des poissons les plus recherchés, soit pour leur abondance, soit pour la délicatesse de leur chair.

Je commencerai par une réflexion philosophique que j'ai souvent faite, lorsque je venais de déchirer, sans le moindre mouvement de pitié, la bouche d'un pauvre poisson, en décrochant mon hain (1) engagé dans sa lèvre ou dans sa gorge : c'est que, de tous les animaux inoffensifs qui peuplent la terre, le poisson et le reptile sont les seuls qui non-seulement ne nous inspirent aucune sympathie, aucune commisération, mais que nous traitons comme une matière insensible. Combien de jeunes filles, qui ne regarderaient pas, pour tout au monde, une cuisinière coupant le cou à un poulet, et qui jettent sur le sable des goujons qu'elles ont torturés en les décrochant de leur ligne, et qui les voient sans la

____

(1) Un pêcheur ne prononce ni n'écrit jamais le mot *hameçon :* il le remplace toujours par le mot *hain.*

plus légère émotion se débattre et se tordre à leurs pieds dans les suprèmes angoisses de l'agonie !

A quoi tient, je ne dirai pas cette cruauté, mais cette indifférence, qui nous fait encore avaler une huître toute palpitante ? Est-ce parce que les poissons vivent dans un autre élément ? est-ce parce qu'ils sont muets, et que, accoutumés comme nous le sommes à ne pas séparer la douleur du cri, celui-ci seul réveille en nous l'idée de celle-là ? Le fait est incontestable ; mais il reste à l'expliquer.

En général, les poissons donnent peu de signes d'intelligence, et leur instinct semble tout juste assez développé pour qu'ils vivent de la vie la plus simple qu'on puisse imaginer. Les petits fuient les gros ; ils se dévorent mutuellement et sans aucune distinction, puisque les pères et les mères mangent leurs enfants. Tous fuient le bruit et les objets qu'ils ne sont pas habitués à voir. Poursuivis, ou simplement effrayés, ils cherchent rarement leur salut dans une fuite soutenue ; mais ils se hâtent de se blottir dans un trou de la rive ou sous une pierre, dès qu'ils trouvent un abri de ce genre.

Le sens le plus subtil chez les poissons est celui de l'ouïe. Sa finesse, sa susceptibilité est extrême. L'odorat vient ensuite, puis la vue. Quant au sens du toucher, je le regarde, sans oser l'affirmer pourtant, comme excessivement obtus. On peut toucher des poissons avec une baguette et même avec la main sans qu'ils bougent.

Beaucoup de poissons, qui fréquentent les rivières de l'intérieur, peuvent vivre indifféremment dans l'eau douce et dans l'eau salée ; les aloses, les saumons, les truites, les plies, etc., sont dans ce cas. Toutefois, nous classerons parmi les poissons d'eau douce tous ceux qu'on pêche dans les eaux de cette nature.

La truite, du genre des saumons, dont elle compose une famille, est la reine des poissons d'eau douce. Aucun poisson de rivière n'a un goût aussi fin, aussi délicat ; et Brillat-Savarin, qui s'y connaissait, considérait un plat de truites frites à l'huile d'olive comme un mets digne d'être offert à une *Éminence*.

La truite, dont le poids varie d'un demi-kilogramme à dix kilogrammes, ne peut vivre que dans les eaux vives, fraiches et limpides. Malgré sa bouche largement fendue et ses mâchoires armées de dents acérées et crochues (car, ainsi que le brochet, elle ne se nourrit que de proies vivantes), la truite n'a rien de la physionomie férocement ignoble de ce dernier. Pour se faire une idée de la truite, il faut la voir, non pas morte et flétrie sur une table de cuisine, mais dans un ruisseau descendant des montagnes, dont les eaux transparentes semblent parfois, sur leur lit incliné, glisser tout d'une pièce comme un bloc de cristal : au milieu de ces ondes qui fuient, la truite se plaît à demeurer immobile. Alors, avec son dos marbré de plaques noirâtres, ses flancs étincelants d'étoiles purpurines, ses nageoires liserées de brun, où la lumière éclate en reflets roses, gris-perle et violacés, on ne se lasse pas de l'admirer, jusqu'à ce qu'elle disparaisse sous le regard avec l'instantanéité de l'éclair.

La truite est hardie, vorace et d'humeur batailleuse. Les poissons constituent le fond de sa nourriture; mais elle professe une prédilection très-marquée pour les insectes, mouches, cousins, sauterelles, et quelquefois elle s'élance à un travers de main au-dessus de l'eau pour les saisir au vol. Dans tous les courants où la truite abonde, on rencontre peu de poissons d'une autre espèce, parce que la truite nage avec une telle vitesse qu'ils n'ont aucune chance de lui échapper.

Aux approches de l'hiver, la truite quitte les ruisseaux et les torrents, qu'elle affectionne, pour regagner les embouchures des fleuves. Mais, dès que reviennent les beaux jours, elle remonte le courant avec une obstination indomptable. Des fleuves, elle passe dans les rivières, des rivières dans les ruisseaux, et en mai on la retrouve dans les montagnes à des hauteurs considérables. Quelle que soit la rapidité d'un courant, elle le surmonte, et il faut une cascade de plus d'un mètre pour l'arrêter. Il n'est pas rare de ramasser sur l'herbe ou sur le sable, à côté d'une chute d'eau, des truites qui, en voulant la franchir, ont mal dirigé leur élan, et auxquelles le désir de continuer leur course avait coûté la vie.

Dans le département de l'Aveyron, j'ai vu de fort belles truites dans des ruisseaux alimentés par des sources qui n'avaient pas plus de cinquante centimètres de large sur vingt-cinq de profondeur. Comme il était matériellement impossible que les truites eussent passé l'hiver dans ces parages couverts de neige pendant deux mois de l'année, il fallait absolument qu'elles eussent remonté jusque-là au commencement de l'été. Eh bien, j'avoue que, quelle que haute idée que j'aie des puissantes nageoires de la truite, je ne puis comprendre comment celles que je voyais s'ébattre dans ces ruisseaux avaient pu franchir les degrés des cascades par lesquels l'eau de ces ruisseaux se rendait à la plaine.

En France, la truite répand ses œufs au commencement de l'automne. Elle choisit toujours, pour effectuer sa ponte, les remous des torrents, où il n'est pas rare, à cette époque, de voir tournoyer à la surface de l'eau ces œufs, gros comme des petits pois, et d'une couleur jaune orangée. Leur nombre est beaucoup moins grand que celui que pondent les autres poissons de rivière, ce qui n'empêche pas la truite de multiplier beaucoup, parce qu'elle habite des eaux où sa pêche est difficile avec les grands engins de destruction, et de plus inaccessibles aux poissons qui pourraient dévorer son frai.

Les pêcheurs distinguent plusieurs espèces de truites, qui diffèrent entre elles par la taille, par la manière dont leur corps est nuancé, enfin par la couleur de leur chair.

Il y a la truite de montagne. C'est celle qu'on ne rencontre communément que dans les cours d'eau qui descendent des hauteurs où croissent de grandes forêts de sapins; elle est petite, brune, et de forme très-allongée. Les gourmets la regardent comme la truite par excellence.

Il y a la truite saumonée; sa chair est rose comme celle du saumon.

Il y a la truite du lac de Genève, la plus grosse de l'espèce; on en pêche de quinze à seize kilogrammes.

Autant la truite est vivace dans l'eau, autant elle meurt rapidement hors de son élément. C'est de tous les poissons le moins transportable : à moins que la température ne soit très-basse, la truite

se gâte du matin au soir ; aussi, pour
l'expédier un peu loin, la fait-on cuire
préalablement au court-bouillon. Avant
les chemins de fer, c'est dans une
petite rivière aux environs de Dieppe,
dans la Béthune, que se pêchaient au
printemps et en hiver la plupart des
truites qui se mangeaient à Paris.

La carpe, que tout le monde connaît
et dont il se fait une consommation
énorme, habite à peu près indistinctement toutes les eaux douces, pourvu
qu'elles soient profondes et que leur
courant ne soit pas excessivement
rapide. C'est principalement avec de
jeunes carpes qu'on peuple les étangs,
où elles grossissent en quelques années
de manière à peser plusieurs livres.
Les carpes se nourrissent de larves
d'insectes, de vers, de graines et des
pousses de jeunes plantes.

Dans quelques rivières, les carpes
atteignent un volume considérable. En
France on n'en trouve guère qui dé-
passent dix kilogrammes ; mais on en

prend dans le Volga et dans l'Oder dont la taille atteint plus d'un mètre ; et le naturaliste Blok cite une carpe, prise à Francfort-sur-Oder, qui avait trois mètres de long sur un mètre de large, et dont le poids était de trente-cinq kilogrammes. Mais il est évident que Blok s'est trompé, soit sur la taille de la bête, soit sur son poids.

En effet, si l'on admet avec Blok que sa carpe pesait trente-cinq kilogrammes, il est impossible d'admettre également qu'elle avait trois mètres de long, puisqu'un poisson de cette taille devrait peser plus de cent cinquante kilos. Si, au contraire, on se décidait à accepter le volume du poisson, il faudrait repousser le chiffre de son poids. Il y a donc de la part de Blok contradiction évidente, et par conséquent erreur involontaire ou exagération maladroite de l'un des deux termes de sa proposition.

À l'inverse de la truite, la carpe vit longtemps hors de son élément. Une carpe enveloppée dans des herbes fraîches et humides peut rester plusieurs heures en cet état; et si on la rejette ensuite dans une rivière ou dans un étang, après quelques minutes de torpeur elle reprend ses allures naturelles.

On transporte quelquefois les carpes, par terre, à de très-grandes distances. Le moyen le plus usité est de les placer dans des tonneaux défoncés par un bout et chargés sur une charrette. Trois fois par jour, plus fréquemment s'il fait très-chaud, on renouvelle l'eau. Pour éviter que les carpes ne se blessent contre les parois de leur prison temporaire, on matelasse intérieurement ces parois avec des herbes ou des joncs. Un couvercle à claire-voie les empêche également de sauter hors des tonneaux. Les gastronomes prisent singulièrement les carpes du Rhin et celles du Rhône, ainsi que celles de l'étang de Commières en Normandie.

Malgré la guerre d'extermination

que lui font ses nombreux ennemis, l'homme surtout, la carpe est d'une fécondité si prodigieuse que l'espèce défie la voracité de ses ennemis. On a compté dans le corps d'une seule carpe de taille moyenne (un kilo) environ trois cent cinquante mille œufs.

La tanche est un poisson qui ne se plaît que dans les eaux mortes et vaseuses. Tout son corps est couvert d'une matière visqueuse, espèce d'enduit gluant assez consistant pour cacher ses écailles. Sa tête est grosse, ses lèvres épaisses, son œil très-petit, son dos bombé. Les couleurs de son corps, très-variables, présentent un mélange de jaune, de blanc, de brun et de vert. En général, la tanche n'est mangeable qu'après avoir été conservée pendant une huitaine de jours dans une caisse percée de trous et plongée dans une eau limpide et courante ; c'est le seul moyen de lui faire perdre le goût marécageux dont sa chair est imprégnée.

La brème est un poisson dont on fait assez peu de cas, à cause de son goût fade et de la multiplicité des arêtes qui traversent sa chair ; comme la carpe et la tanche, elle préfère les eaux tranquilles des lacs et des rivières, où le courant est nul ou peu sensible. Elle est si commune dans quelques lacs du nord de l'Europe, qu'on en prend des milliers d'un seul coup de filet. La brème a le corps très-aplati ; sa nourriture habituelle est celle de la carpe.

La chevanne (qu'on désigne encore sous les noms de chaboisseau, de meûnier, de boteau) et le dard sont deux poissons qui paraissent rarement sur les tables bien servies. Il est peu de fleuves et de rivières en Europe, s'il en est, où ils ne forment pas la majorité des habitants. La chevanne atteint une taille et un poids beaucoup plus considérables que le dard. Elle se tient de préférence, quand elle est grosse, dans le voisinage des barrages, des chutes d'eau, des ponts, partout enfin où elle trouve à la fois des courants rapides et de grands remous. La chevanne est à peu près omnivore. Elle absorbe avec une égale gloutonnerie de petits poissons, des graines, des fruits, de la viande fraîche ou corrompue, des insectes, du fromage, des légumes; tout ce qu'elle peut avaler semble lui convenir, et la largeur de sa bouche et de son gosier admet des corps très-volumineux proportionnellement à son individu.

Le dard, plus agile encore que la chevanne, avec laquelle il a de nombreux rapports, au point qu'un œil peu exercé les confond facilement, est un peu plus difficile sur le choix de sa nourriture. Sa tête est plus petite que celle de la chevanne, et son corps sensiblement plus fusiforme. Tandis qu'on rencontre assez fréquemment des chevannes qui pèsent deux et trois kilos (il y en a même de cinq kilos), il arrive rarement à un pêcheur de prendre un dard dont le poids atteigne un kilogramme. Je n'en ai jamais vu d'aussi gros.

Le dard se tient habituellement, pendant toute la belle saison, dans les parties des fleuves et des rivières où, sur un fond caillouteux, fuit en bouillonnant une légère nappe d'eau. Là, avec quelques centimètres de liquide sur le dos, et par conséquent à l'abri des attaques des gros poissons, qui redoutent de s'engager dans des rapides aussi peu profonds, il se livre avec ardeur à la chasse aux moucherons et aux cousins, sa passion favorite. Il les guette pendant qu'ils voltigent au-dessus de l'eau, suit dans son élément leur course aérienne et capricieuse, et les happe dès qu'une rafale ou un faux mouvement leur fait effleurer son domaine.

Le gardon est un poisson qui tient à la fois de la carpe et de la brème. Dans les rivières un peu pêchées, il atteint rarement sa taille normale, parce qu'il a de nombreux ennemis et s'en défend mal, quoique très-timide. Il est reconnaissable à ses nageoires d'un rose vif. On prend rarement des gardons d'un demi-kilo. Dans certains lacs du nord de l'Europe, les gardons sont si communs qu'on s'en sert, dit-on, pour nourrir les cochons et même pour fumer les terres.

Le barbillon ou barbeau a la tête lisse et allongée, le dos olivâtre, le ventre blanc ; l'ouverture de sa bouche est petite proportionnellement au volume de son corps. Cette bouche possède une lèvre supérieure forte, épaisse, d'un tissu cartilagineux, à la fois lisse et solide ; quatre tentacules, deux longs et deux courts, y sont fixés ; enfin cette lèvre a la propriété de s'étendre et de se contracter, ce qui aide beaucoup le barbeau à se saisir de sa nourriture, qui consiste en vers, en grillons, en larves de toutes espèces et en petits poissons. Il a en outre une préférence marquée pour le fromage de Gruyère, préférence qui lui est souvent funeste.

Je n'oserais affirmer que le barbeau n'est pas aussi glouton que la chevanne; mais ce qui est certain, c'est que rien dans sa physionomie ni dans ses habitudes connues ne permet sous ce rapport de le mettre sur la même ligne.

Le barbeau déteste les eaux dormantes, les fonds vaseux; il lui faut de grands courants, des rives rocheuses que l'eau bat et affouille, des remous où il puisse se reposer, des pierres sous lesquelles il trouve à se cacher. Quand il n'est ni inquiété ni poursuivi, il nage posément, gravement, carrément, ce qui dénote une grande puissance dans ses moyens de locomotion, puisqu'il se livre à cet exercice dans les eaux les plus rapides sans élan et sans rien qui trahisse l'effort: bien différent en cela du dard et de la truite, dont les mouvements habituels sont vifs, brusques, et qui passent sans cesse et sans transition de l'immobilité à des pointes d'une vitesse extrême.

Tous les amateurs qui pêchent par

goût, et non par métier, ont une prédilection marquée pour le barbeau,
prédilection qui n'a rien d'avantageux
pour lui. Cela vient de ce que le barbeau choisit toujours son domicile dans
des lieux où le pêcheur par état n'aven-
ture que rarement ses engins, surtout
ses filets ; cela vient de ce que la capture d'un beau barbeau est, dans la
plupart des rivières, assez difficile,
assez rare, pour qu'on ne se blase pas
sur la sensation agréable que cette prise
ne manque pas de vous causer ; cela
vient enfin de ce qu'un maladroit ne
prend jamais un barbeau d'un kilogramme et au-dessus, ce que j'expli-
querai en temps et lieu.

L'anguille. On pourrait composer un
livre avec tous les contes plus ou moins
bizarres et saugrenus qu'on a débités
sur les anguilles. J'en citerai quelques-
uns pour leur singularité, d'autant plus
grande qu'ils ont été consignés dans
des ouvrages qui ont la prétention
d'être sérieux. Le premier, c'est que

les anguilles, très-friandes de certains légumes, tels que les pois, et de vers de terre, quittent pendant la nuit la rivière ou l'étang pour aller dans les jardins du voisinage fouiller les plates—bandes. Le second fait, non moins merveilleux, c'est que quelquefois une anguille déterminée, profitant du moment où un esturgeon ouvre la bouche (pour bâiller sans doute), s'y précipite, enfile bravement son gosier, et va, par un chemin à elle connu, dévorer les œufs de son hôte ; puis, le repas terminé, elle sort de la salle à manger par la porte opposée à celle qu'elle a prise pour s'y introduire.

Le dernier fait, qui méritait d'être gardé pour le bouquet, c'est Pline le naturaliste qui l'avance. Il prétend que l'anguille se reproduit en se frottant contre les aspérités des pierres et des rochers. Voici comment : par ce frottement, elle détache de son corps des parcelles de son individu ; ces parcelles s'animent et deviennent de

jeunes anguilles parfaitement organi-
sées.

Mais laissons ces fables, dont il est
permis de rire en passant, pour rentrer
dans la réalité.

L'anguille, surprise par la retraite
ou l'évaporation des eaux d'un étang,
s'enfonce dans la vase molle, et peut y
attendre des temps meilleurs, pourvu
que le milieu dans lequel elle se trouve
conserve une humidité indispensable à
son existence. D'autres fois l'anguille
ainsi surprise, grâce à la forme de son
corps qui lui permet de se traîner sur
le sol à la manière des serpents, grâce à
ses organes respiratoires qui la laissent
séjourner hors de l'eau plus longtemps
que cela n'est donné aux poissons en
général, peut franchir un espace assez
étendu, quoique non inondé, si cet
espace est plutôt une espèce de bour-
bier fangeux que de la terre ferme.

Voilà à quoi se bornent les pérégri-
nations terrestres de l'anguille. Enfin
il est probable que des amis du mer-

veilleux, ayant trouvé dans le corps d'esturgeons qu'on dépeçait des anguilles qui avaient été avalées et qui vivaient encore, en ont conclu qu'elles se trouvaient là pour leur plaisir.

L'anguille a la vie très-dure, pour me servir d'une expression banale, mais bien comprise. En effet, une tête d'anguille, séparée du tronc depuis plusieurs heures, exécute encore avec ses mâchoires des mouvements contractiles d'une grande énergie : elle mord, en un mot, et vigoureusement. Quant au corps, écorché, vidé, coupé en tronçons, il se tord encore dans la friture bouillante.

Sans admettre avec quelques naturalistes que l'anguille vit un siècle et plus, comme elle ne commence à se reproduire que vers sa douzième année (la femelle pond des œufs qui éclosent dans son ventre), on peut en conclure, d'après une loi générale qui embrasse tous les êtres, que sa vie est beaucoup plus longue que celle des autres poissons, qui se multiplient à trois ou quatre ans. Un fait qui semblerait encore appuyer l'opinion de ceux qui lui assignent une très-longue existence, c'est l'étonnante propagation des anguilles dans les lacs et les rivières où elles se plaisent. Il y a des lacs dont on dit métaphoriquement qu'ils sont pavés d'anguilles.

L'anguille nage avec énergie ; mais ce n'est que quand elle chasse qu'elle met à profit la vélocité dont elle est douée. Repue, elle s'enfonce dans un trou, s'étend sous une touffe d'herbe flottante à la surface de l'eau, et attend que la faim vienne la stimuler de nouveau.

La chair de l'anguille, un peu lourde pour les estomacs délicats, est savoureuse : cette qualité d'une part, et son abondance de l'autre, font que l'anguille paraît aussi souvent sur les tables somptueuses que sur celles des plus humbles ménages.

On trouve des anguilles de toute

taille ; on en pêche depuis la grosseur du pouce jusqu'à celle d'une cuisse d'homme. Les plus monstrueuses ont été prises en Albanie et en Prusse, et toujours dans des eaux dormantes.

La perche est reconnaissable à ses formes trapues, à la vivacité des couleurs qui ornent ses flancs et son ventre, mais surtout aux rayons piquants qui arment sa nageoire dorsale. Elle est très-vorace, et attaque tout ce qui vit dans son élément et qui n'est pas plus gros qu'elle.

La perche, dès qu'elle atteint une certaine taille, n'a plus d'autres ennemis à redouter que l'homme ; car les brochets et les anguilles de la plus forte dimension ne se rabattent sur elle, à cause de ses piquants, que dans le cas de disette et de famine.

La perche est un mets fort recherché ; les Romains en faisaient grand cas. Il est permis de croire que la perche est originaire des pays froids, puisque c'est dans les eaux du nord de l'Europe qu'elle est le plus abondante, et qu'elle atteint un volume beaucoup plus considérable qu'en France et dans toutes les contrées situées sous des latitudes plus chaudes. Chez nous, une perche d'un kilogramme est un beau poisson ; en Écosse et en Norwége, elle ne mérite ce nom que lorsqu'elle pèse de trois à quatre kilogrammes.

La gueule du brochet et l'entrée de son gosier sont hérissées d'une forêt de dents inégales, pointues, tranchantes, recourbées. Quand cette gueule, large, profonde, insatiable, sous l'effort de muscles puissants, se referme sur une victime, le sang et la vie de celle-ci s'écoulent à la fois par cent blessures.

Le brochet est si agile, si bien armé, qu'il finirait par dépeupler les eaux qu'il habite, et il les habite presque toutes, si sa voracité même n'était une limite à la propagation de son espèce. Mais les brochets se dévorent entre eux, sans distinction d'âge ni de sexe ; en sorte que, l'homme aidant, leur nombre ne s'accroît pas hors de justes proportions. Ce qui prouve, du reste, l'épouvantable carnage que fait autour d'elle cette hideuse bête, c'est qu'un seul brochet de forte taille, introduit dans un étang bien peuplé, le transforme en peu d'années en un désert aquatique.

Le brochet ne chasse pas franchement, comme la truite ; il se met en embuscade, guette sa proie, l'attend et fond sur elle. S'il la manque, il ne la poursuit pas de haute lutte ; il ne veut pas s'en donner la peine.

Quelquefois un brochet a saisi entre ses mâchoires un poisson d'un volume tel, qu'il ne peut ni l'avaler, ni le mâcher, ni le rejeter, à cause de la structure et de la multiplicité de ses dents. Alors l'imprudent glouton n'a d'autre ressource que d'aller dans un trou attendre, comme le boa, que la partie du poisson engagée dans sa gueule se ramollisse, se décompose,

et que le tout devienne ainsi plus facile
à engloutir.

Les gros brochets attaquent non-
seulement les poissons, mais les oiseaux aquatiques, les rats, les chats,
les chiens qui viennent à leur portée.

En France il n'est pas rare qu'on
prenne des brochets du poids de dix à
quinze kilogrammes; mais dans quelques lacs, fleuves et rivières du nord
de l'Europe, qui arrosent des pays où
la population est clair-semée, et où par
conséquent la pêche est peu active, on
s'empare de temps en temps de brochets
monstrueux. On a conservé longtemps
au musée de Manheim le squelette d'un
brochet qui mesurait plus de cinq
mètres. C'était une bête exceptionnelle
sans doute; mais on entend trop fréquemment parler de brochets de vingt
à trente kilos, pour supposer que celui
de Manheim ne puisse pas trouver son
pareil.

Il faut que le goujon multiplie
d'une façon à tenir du prodige, pour

qu'il soit encore aussi commun dans la plupart des rivières. Aucun poisson n'a d'ennemis plus personnels, plus acharnés, et ses moyens de défense sont à peu près nuls. Sa chair, à la fois délicate et savoureuse, paraît aussi estimée des poissons et des oiseaux que des humains; et comme en outre la pêche au goujon est à la fois des plus faciles, des plus amusantes et des plus pratiquées, il résulte de toutes ces circonstances réunies une difficulté véritable à comprendre comment il suffit, encore aujourd'hui, de jeter une ligne amorcée d'un ver rouge dans une rivière ou dans un ruisseau coulant sur un fond de gravier, pour en retirer bientôt un goujon.

Les goujons vivent habituellement en bandes; pendant la belle saison ils se tiennent de préférence près des rives, autour des grèves, partout où l'eau n'est pas assez profonde pour que les gros poissons puissent trop facilement les décimer. Ils fuient les fonds vaseux ou trop durs : les premiers parce qu'ils leur déplaisent, les seconds parce qu'il n'y a rien à y gratter.

Quand vous verrez, dans une rivière ordinairement limpide, une place où la nappe d'eau n'a que quelques décimètres d'épaisseur et fuit sans se presser sur un lit de sable et de gravier; quand de plus cette eau, par la nature du terrain et par son action incessante, ronge petit à petit sa berge, si vous êtes parti à la recherche d'une friture de goujons, arrêtez-vous, dépliez vos lignes avec confiance et mettez-vous à l'œuvre. Peut-être après une heure d'attente n'aurez-vous rien pris ; mais alors du moins, si votre ligne était fine, votre scion flexible et léger, vos hains bien choisis, vos vers de première qualité, votre coup d'œil sûr, votre poignet leste, vous auriez la consolation de n'avoir rien à vous reprocher et le droit d'accuser la fortune ennemie.

Le goujon se nourrit principalement de vers et de petites larves. Des observateurs superficiels l'ont accusé, ainsi que le barbillon, de se repaître de charognes ; c'est une noire calomnie : si l'on voit quelquefois ces deux estimables poissons fort affairés autour d'un chien ou d'un chat noyé et en putréfaction, ils ne s'occupent que des larves et des vermisseaux que ces cadavres attirent. En hiver, les goujons se réfugient dans des endroits très-profonds, où ils attendent dans une diète sévère le retour du printemps.

Qui ne connaît l'ablette, ce petit poisson, le premier que tout pêcheur a senti frétiller au bout de sa ligne ? car il est, à mon avis, plus difficile, quand on pêche, de ne pas prendre des ablettes que d'en prendre. L'ablette, qui fait le bonheur des enfants et des maladroits, est le fléau du pêcheur qui se respecte. Elle le taquine, parce qu'elle se tient partout, dans les remous, dans les rapides, au fond, à mi-eau, à la surface, et attaque indistinctement tous les appâts, qu'elle mâchonne, qu'elle suce,

qu'elle finit par emporter par atomes.
Que de fois ces maudites ablettes ont
nettoyé des hains sur lesquels je fon—
dais les plus belles, les plus légitimes
espérances ! Je ne sache rien de pire
que l'ablette, si ce n'est le crabe, dont
j'aurai l'occasion de parler plus loin.

A un point de vue beaucoup plus
sérieux, l'ablette mérite également la
haine du pêcheur. Elle détruit une
énorme quantité de frai, et comme
elle devient de plus en plus commune
à mesure qu'une rivière se dépeuple,
parce qu'il y a moins de poissons pour
la manger, il s'ensuit qu'une fois que
les ablettes se sont par leur nombre
emparées d'une rivière, le réempois—
sonnement naturel de cette rivière de—
vient très-difficile, même quand toutes
les lois et ordonnances conservatrices des
poissons seraient exécutées à la lettre.

L'alose quitte tous les ans les pro—
fondeurs de la mer pour venir frayer
dans les fleuves et les rivières. Un fait
assez singulier, c'est que ce poisson

est très-estimé dans certains pays, et qu'on n'en fait aucun cas dans d'autres. Il faut en conclure que l'alose n'est pas bonne dans toutes les eaux. En France, celles de la Loire passent pour les meilleures, et celles de la Saône ne valent rien. L'alose ne se prend qu'au filet; car elle ne mord à aucun appât.

Dans certaines parties de l'Amérique du Nord, et notamment à l'embouchure de la rivière du Connecticut, on se livre en grand à la pêche de ce poisson, si abondant dans ces parages, que les équipages de trois ou quatre bateaux s'emparent quelquefois, en une seule nuit, d'une assez grande quantité d'aloses pour en remplir et en saler deux à trois centaines de barils. Ces salaisons s'expédient presque toutes aux Antilles, où elles servaient, avant l'abolition de l'esclavage, à la nourriture des nègres. La taille ordinaire d'une alose varie entre cinquante centimètres et un mètre.

Le saumon vit indifféremment dans

la mer et dans les fleuves ; comme la truite, avec laquelle il a beaucoup de points de ressemblance, il préfère les eaux vives et limpides. Le saumon est un poisson très-abondant dans les mers boréales, et qui devient de plus en plus rare à mesure qu'on se rapproche du midi ; il est presque inconnu passé le détroit de Gibraltar. Sa chair est très-estimée. Le poids moyen des saumons pris en France est de cinq kilogrammes ; mais les côtes de la Norwége et les rivières qui se jettent dans la mer Baltique, voient fréquemment des saumons de près de deux mètres de long, et pesant de quarante à cinquante kilogrammes.

De ces pays, où la pêche de ce poisson est une industrie importante, on expédie une quantité considérable de saumons salés. On en a même envoyé de frais à Londres, à Anvers et jusqu'à Paris, en les enfouissant dans un chargement de glace (1).

(1) La glace se transporte à de grandes distances avec

L'esturgeon est un poisson qui a communément deux à trois mètres de longueur ; on en prend néanmoins de beaucoup plus gros, et des individus de quatre, cinq et même de six mètres ne sont pas très-rares. L'esturgeon habite principalement les mers du Nord ; il s'écarte peu du rivage, et remonte les fleuves et les rivières pour frayer. C'est dans le Volga et l'Oural que sa pêche est la plus active et la plus fructueuse. On mange sa chair fraîche ou salée, et avec ses œufs on prépare le caviar (1), mets très-recherché par les Russes.

beaucoup moins de perte qu'on ne serait disposé à le croire. Chaque année des navires en apportent des îles de l'Écosse à Londres. L'année dernière, il en est arrivé au Havre, en destination pour Paris, plusieurs cargaisons venant de la Norwége.

(1) Ce sont des œufs marinés d'après un procédé particulier. La seule ville d'Astracan, sur la mer Caspienne, en fait un commerce considérable ; elle en exporte plusieurs centaines de tonneaux maritimes. Ce sont des Italiens qui, revenant de Constantinople, introduisirent en Italie cette substance alimentaire jusque-là inconnue

On peut se faire une idée de l'importance de la pêche de l'esturgeon par les chiffres suivants. En 1828, elle employa, dans les deux fleuves cités plus haut, 8,887 personnes, et produisit 569,380 kilogrammes de caviar, et 20,000 kilogrammes de colle de poisson.

L'esturgeon n'a point de charpente osseuse proprement dite; elle se trouve remplacée chez lui par une substance cartilagineuse qui, préparée d'une certaine manière, constitue un mets fort recherché par les gastronomes italiens, et qu'ils nomment *spinacchia*.

Tous ces détails sont extraits de l'*Encyclopédie des Commerçants*.

en France et en Angleterre. En France, cette consommation est encore très-bornée, ou, pour mieux dire, presque nulle.

II

ENGINS DE PÊCHE , FILETS , NASSES , HAINS ,
FOËNE.

Parmi les engins de pêche en eau douce, le plus anciennement, le plus universellement employé, le plus productif est le *filet*. On fait des filets de toutes les formes, de toutes les dimensions; les plus usités sont : la senne, l'épervier, le carrelet, le guindeau et le verveux.

La senne est un filet plat beaucoup plus long que large. Sa tête, c'est-à-dire sa partie supérieure, est garnie de flottes de liége; et son pied, sa partie inférieure, d'un chapelet de balles de plomb. Il résulte de l'action opposée du liége et du plomb que la senne se tient perpendiculairement dans l'eau , et forme dans une rivière une barrière infranchissable aux poissons, si la hauteur du filet est égale à la profondeur de l'eau.

La manière de se servir de la senne est très-simple. Des hommes montés dans un batelet prennent avec eux le filet, dont ils laissent un bout entre les mains d'autres pêcheurs restés à terre. A mesure que le batelet s'éloigne de la rive, les pêcheurs qu'il contient lâchent peu à peu le filet, qui, en tombant dans l'eau, prend sur-le-champ une position verticale. Dans sa marche, le batelet décrit un vaste demi-cercle, et revient atterrir à la berge où il a laissé les pêcheurs qui tiennent l'autre bout du filet.

On comprend que dans cet état la senne, dont les deux extrémités sont à terre, retient prisonniers tous les poissons qui se trouvent dans la partie de la rivière qu'elle enserre. Pour s'en rendre maîtres, il suffit aux pêcheurs de haler le filet à terre en tirant sur ses deux extrémités. En effet, par suite de cette manœuvre les poissons, obligés de fuir devant le filet qui se rapproche sans cesse de la rive, finissent par être acculés dans un espace de quelques pieds carrés, où on les prend sans peine.

La pêche à la senne n'est praticable que là où le fond de l'eau est égal, plat, sans trous ni rochers. S'il y avait des trous, les poissons s'y cacheraient, et laisseraient les plombs de la senne passer au-dessus d'eux ; s'il y avait des rochers, de grosses pierres, le pied de la senne s'y accrocherait, et il en résulterait soit l'impossibilité de haler convenablement le filet, soit une large déchirure dont le poisson ne manquerait pas de profiter pour sortir de l'enceinte formée par la senne.

Chaque pêcheur proportionne la hauteur de ses sennes à la profondeur de l'eau dans laquelle il travaille habituellement. Quant à la longueur des sennes, elle n'a rien de fixe : on en fait de cinquante, de cent, de deux cents mètres. Quelquefois les pêcheurs s'associent pour donner un coup de senne en commun ; alors ils ajoutent plusieurs sennes les unes aux autres par un laçage provisoire, et composent ainsi une senne qui peut avoir plus de six cents mètres d'envergure.

La pêche à la senne est d'autant plus productive que l'eau est plus trouble. Dans le cas contraire, le poisson, voyant le filet, ne s'y laisse pas renfermer et s'éloigne avant qu'il soit entièrement tendu. On prend à la senne toute espèce de poissons ; une ou deux espèces cependant bravent ces filets en s'élançant par-dessus la corde à laquelle sont attachées les flottes de liége.

J'ai expliqué la façon la plus ordinaire de manœuvrer la senne ; mais on comprend qu'il est possible de varier de dix manières, selon les circonstances et les lieux, l'emploi d'un pareil engin. Ainsi, il servira à barrer une rivière dans le sens de sa largeur ; sur un lac, sur un étang, deux batelets, tenant chacun une extrémité de la senne, peuvent la traîner pendant un certain temps, puis réunir les deux extrémités et renfermer ainsi une quantité considérable de poissons.

La senne est un filet dont l'usage devrait être réglementé et limité beaucoup plus qu'il ne l'est par les lois sur la pêche fluviale. Le chapelet de plomb dont cet immense engin est garni détruit, en traînant sur certains fonds herbeux qu'il affouille et bouleverse, une quantité considérable de frai et de petits poissons.

L'épervier est un filet circulaire ayant la forme d'un entonnoir. Sa partie la plus large, son embouchure, est bordée d'une corde dans laquelle sont enfilées des olives en plomb, maintenues à des distances égales. A la queue de l'épervier est fixée la corde qui sert à le retirer de l'eau.

Voici comment on lance l'épervier.

Le pêcheur commence par fixer à son poignet gauche le bout de la corde dont nous venons de parler ; puis, déployant une partie du filet sur son épaule gauche, comme un manteau espagnol, il saisit le reste du filet de sa main droite. « Ayant ainsi tout disposé, » dit le *Manuel du Pêcheur,* « et étant, soit « dans un batelet, soit au bord de « l'eau, il retourne son corps vers la « gauche pour prendre son élan, et, « le rappelant vivement vers la droite, « il jette le plus vigoureusement qu'il « peut tout le filet à l'eau, de façon « à ce qu'il se déploie en formant la « roue : la corde plombée entraîne sous « l'eau l'embouchure du filet, qui « s'applique sur le fond et enferme « les poissons pris sous le corps de « l'épervier. »

Pour relever l'épervier avec les poissons qui se trouvent pris dessous, il tire doucement, et sans secousse, la corde attachée à la queue de l'épervier. Les plombs, par l'effet de leur poids, restent au fond de l'eau comme ils sont tombés ; mais ils se rapprochent en glissant sur le lit de la rivière, et finissent par se joindre pour ne former qu'une masse quand ils abandonnent le fond. Le pêcheur, qui jusque-là a opéré avec une grande lenteur et en se portant tantôt à droite, tantôt à gauche, pour favoriser le rapprochement des plombs, se hâte alors d'enlever son épervier et de le déposer soit dans son batelet, soit à terre.

Pour comprendre comment les poissons qui se sont trouvés pris sous l'épervier étendu sur le fond de la rivière peuvent être ramenés à terre, il suffit de considérer que les plombs, qui par leur poids tiennent le filet appuyé sur le lit de la rivière, ferment ensuite son entrée aussitôt qu'ils quittent le fond. Une fois pris sous le filet, un poisson ne peut donc que très-difficilement s'échapper de l'épervier pendant qu'on le lève.

Celui qui veut lancer l'épervier doit

être vêtu de manière à ce que son habillement ne présente ni boutons ni agrafes qui puissent accrocher une maille du filet ; car, dans ce cas, le pêcheur, entraîné par son élan et le poids considérable de l'épervier, le suivrait inévitablement dans la rivière, et courrait le plus grand risque de se noyer. Une de ces blouses en forte toile, fermée par devant, et offrant à sa partie supérieure une ouverture pour passer la tête, remplit toutes les conditions requises pour cet exercice, très-fatigant même quand on en a l'habitude.

On prend avec l'épervier toute espèce de poissons.

Le carrelet, qu'on nomme encore échiquier ou simplement carré, est un filet carré en nappe, dont chaque coin est fixé à l'extrémité des quatre branches de deux perches mises en croix et formant quatre sections de cercle. Ainsi disposé, l'échiquier ressemble au plateau d'une balance soutenu par ses cordes. Pour continuer ma comparaison, je dirai que le point d'attache des cordes du plateau au fléau représente très-bien le point d'attache du manche du carrelet, manche qui ordinairement a de cinq à six mètres de long.

Pour se servir du carrelet, le pêcheur le pose doucement dans l'eau, l'enfonce carrément jusqu'à ce que le filet s'applique sur le fond, et l'y maintient pendant quelque temps dans une immobilité complète.

Quand le pêcheur suppose que quelques poissons se trouvent au-dessus du filet, il passe le manche du carrelet entre ses jambes, pour retenir l'extrémité de ce manche, et, l'empoignant des deux mains le plus loin possible, il soulève son filet en lui faisant faire la bascule. Cette opération doit être exécutée sans saccades, mais vivement, de manière à ce que par un demi-tour le carrelet, sans perdre sa position horizontale, passe en très-peu de temps du fond de la rivière sur la berge.

La flexibilité des perches qui consti-

tuent l'armature du carrelet, fait que
la nappe en filet, par suite de la pesanteur de l'eau qu'elle traverse en
montant, forme une espèce de poche
très-favorable pour retenir le poisson.
Si la largeur du carrelet obligeait d'employer des perches trop fortes pour être
flexibles, il faudrait donner au filet un
diamètre plus grand que l'ouverture
des perches, afin d'obtenir cette poche,
sans laquelle on manquerait souvent
les plus beaux poissons.

Généralement les pêcheurs ne se
servent du carrelet que pour prendre
les petits poissons, qu'ils destinent à
appâter leurs hains. Le carrelet, en
effet, ne devient productif que lorsqu'une crue subite rend les eaux trou-
bles et limoneuses : alors on prend assez
fréquemment avec cet engin de fort
belles pièces.

Je n'ai parlé ici que du carrelet por-
tatif. Il est des carrelets sur pivot et à
poste fixe dont il sera question plus
loin. Ces derniers, quoique construits

dans les mêmes principes que les carrelets ordinaires, sont d'une dimension considérable, et leur manœuvre exige le concours de plusieurs personnes.

Le guindeau est un filet en forme de grande poche, dont la gueule est très-large, et qui va toujours en diminuant jusqu'à son extrémité postérieure. Les guindeaux ont communément de dix à douze mètres de long. Quand on veut tendre un guindeau, on dispose sa gueule de manière à ce qu'elle s'ouvre au courant, et on la maintient béante, soit en la fixant sur des pieux, soit en y adaptant une armature en bois, ronde ou carrée. Ce filet sert principalement à prendre les poissons qui, à une certaine époque de l'année, remontent le fil de l'eau ou se laissent entraîner par le courant ; on comprend qu'alors ils donnent dans le filet, s'y engagent et arrivent ainsi jusqu'au fond, où ils se trouvent arrêtés. La réussite est surtout certaine quand les pêcheurs, ayant préalablement barré une petite rivière, ne laissent aux eaux d'autre passage que celui qu'embrasse la gueule du guindeau.

Ces filets, très-productifs en plusieurs circonstances, offrent des inconvénients graves. En effet, le poisson, s'accumulant au fond du filet pêlemêle avec les immondices, les herbes, les corps flottants de toute nature que charrie la rivière, s'y meurtrit et y meurt d'autant plus vite que le courant est plus rapide ; car il est clair que le courant exerce sur cette masse une pression qui s'accroît à mesure que cette masse augmente. Aussi n'est-il pas rare, si la pêche a été abondante, de trouver, quand on lève un guindeau, les poissons de moyenne taille écrasés, les gros meurtris, et le tout infecté par le contact d'un chien ou d'un chat dont la mort remonte malheureusement un peu loin.

Le verveux est une espèce de guindeau, mais beaucoup plus maniable et moins embarrassant que celui-ci ; si d'ailleurs avec le verveux on prend moins de poisson à la fois, du moins le prend-on frais et en parfait état de conservation.

Le verveux est un filet ayant la forme d'une chausse conique. Sa gueule, tenue ouverte par un cerceau en bois léger, a environ un mètre de large, et son corps, qui se termine en pointe, de deux à trois mètres de long. Plusieurs cerceaux placés à l'intérieur de cette espèce de chausse, maintiennent l'écartement de toutes ses parties, et l'empêchent de s'affaisser sur elle-même. La pointe postérieure du filet est garnie d'une boucle en corde qui sert à le fixer en place.

Pour empêcher le poisson qui s'est engagé dans le verveux d'en sortir, on dispose entre le premier et le second cerceau un défilé très-étroit, nommé *goulet,* que le poisson franchit naturellement en entrant dans le verveux, mais qu'il ne peut que très-rarement retrouver pour s'échapper.

Le plus ordinairement on tend le verveux en sens inverse du guindeau, c'est-à-dire la pointe au courant. On prend ainsi les poissons qui remontent la rivière, et qui, rencontrant devant eux la gueule du verveux, s'y engagent d'autant mieux qu'ils cherchent à profiter de l'*amortie* que détermine le filet, dont le volume rompt la force du courant.

Ce n'est que pendant les nuits les plus sombres, ou par une eau trouble, que la pêche au verveux est profitable. On place ordinairement ces filets près de la rive, parce que quand le poisson chasse (1) il fait toujours tête au fil de l'eau, et suit les bords d'où se détachent une foule de corps dont il se nourrit. Quant aux gros poissons qui vivent principalement des petits, ceux-ci les attirent dans les mêmes lieux.

Comme les poissons pris dans un

____

(1) On dit qu'un poisson *chasse*, lorsqu'il cherche sa nourriture, quelle qu'elle soit.

verveux y nagent à l'aise , à cause des cerceaux qui maintiennent l'écartement du filet, on les y trouve tels qu'ils y sont entrés. Les pêcheurs de profession placent ordinairement une vingtaine de verveux à une certaine distance les uns des autres. Une simple perche enfilée dans l'anneau qui termine l'extrémité postérieure du filet, et enfoncée à coups de maillet dans le lit de la rivière, suffit le plus souvent pour fixer chaque engin à sa place.

La nasse est un véritable verveux ; elle est construite d'après les mêmes principes, dans le même but ; seulement elle est en osier au lieu d'être en filets.

Comme la nasse est beaucoup plus solide que le verveux, et offre plus de résistance aux divers accidents qui peuvent menacer un engin de pêche abandonné à lui-même, on coule des nasses partout où l'on croit la place bonne, même au milieu de la rivière et en plein courant. Pour la maintenir, on y attache trois pierres : deux moyennes à ses flancs pour la caler, et une grosse à son extrémité. Cette dernière est spécialement destinée à empêcher la nasse d'être entraînée par la force des eaux.

Une fois la nasse coulée à fond, rien n'indique la place où elle gît ; c'est donc au pêcheur à faire des remarques au rivage, des relèvements (1) bien exacts, afin de la retrouver quand il jugera à propos de la lever. La manière la plus ordinaire de lever les nasses, c'est de les saisir avec un crochet de fer fixé au bout d'un long manche de bois léger. Presque toujours, pour attirer le poisson dans les nasses, on y place soit du pain de chènevis, soit d'autres substances propres à tenter son appétit.

La senne, l'épervier, le guindeau,

____

(1) Faire un relèvement, c'est, lorsqu'on se trouve dans un lieu quelconque, viser deux objets l'un par l'autre, pour reconnaître ce lieu plus tard.

le carrelet et le verveux ne sont pas les seuls filets usités en eau douce ; mais comme les autres filets, quel que soit le nom qu'on leur ait donné, dérivent de l'un de ceux que j'ai passés en revue, et dont ils ne sont pour ainsi dire que des variantes, il n'est aucun filet parmi ceux dont on fait usage dans les lacs, les fleuves, les rivières et les étangs, dont on ne puisse par analogie s'expliquer le mode d'action et d'emploi, si l'on a bien compris les explications relatives aux filets *types* qui viennent d'être cités.

III

PÊCHE A LA LIGNE.

En thèse générale, la pêche aux filets (j'en excepterai pourtant celle à l'épervier) n'est pratiquée que par les pêcheurs de profession, par tous ceux qui pêchent non par plaisir, mais pour en tirer un produit. Cela tient à plusieurs causes. Premièrement, la pêche aux filets comporte un grand attirail et le concours d'au moins un aide. Secondement, elle n'offre point de ces difficultés toujours nouvelles qui exigent des frais continuels d'imagination. Troisièmement, ses résultats sont la plupart du temps à peu près prévus et certains, et, bons ou mauvais, aucun pêcheur ne peut se les attribuer: quand il a posé ses filets suivant les règles de l'art, il a fait son devoir.

Or, l'homme est ainsi fait qu'il ne se passionne tout de bon que lorsqu'il est engagé dans une lutte qui nécessite la mise en œuvre de toutes les ressources de son esprit et d'une expérience péniblement acquise. Alors seulement, excité par les obstacles, aiguillonné par les chances diverses de l'action, il s'acharne à cette lutte, et attache d'autant plus de prix à en sortir

vainqueur, qu'il croit ne devoir la vic-
toire qu'aux savantes combinaisons de
son esprit et à l'adresse de sa main.

Or la pêche à la ligne est la seule de
toutes les pêches fluviales qui fournisse
l'occasion d'éprouver pleinement les
sensations dont je viens de parler. Aussi
est-ce la seule qui ait des partisans
désintéressés, ne vendant ni ne man-
geant les produits de leur adresse, des
fanatiques dignes souvent d'un meilleur
sort.

J'ai connu des gens qui se sont lassés
de tout, excepté de la pêche à la ligne.
Quand une fois le feu sacré s'est em-
paré de vous, vous courez grand risque
de finir par pêcher au coin du feu,
dans un baquet, comme le goutteux
d'une gravure fameuse.

Ceci posé, entrons en matière.

Le hain, que les profanes appellent
hameçon, est un crochet d'acier dont
la pointe, très-aiguë, est suivie d'un
dard disposé de manière à fixer ce hain
dans la plaie qu'il a faite. Ces petits

instruments offrent, à ce qu'il paraît, des difficultés de fabrication assez sérieuses, puisqu'on en trouve rarement d'irréprochables. Il faut, en effet, qu'un hain, pour ne pas causer au pêcheur de cruelles déceptions, remplisse les conditions suivantes :

L'inflexion de la tige, du coude et de la pointe d'un hain doit être calculée de façon que le poisson ne puisse saisir l'appât dont il est garni sans que sa pointe pénètre dans une des parois de sa bouche et s'y fixe. Cette première condition est très—importante ; mais à quoi servirait de piquer solidement un poisson, si le hain se cassait net, ou, par l'effet d'une élasticité trop grande, se déformait au point de s'étendre de toute sa longueur ? Dans ces deux cas, adieu la capture. La difficulté est donc d'avoir des hains dont l'élasticité, semblable à celle d'un ressort, soit tout juste suffisante pour soulager la matière des hains d'une partie de l'effort qu'exercent sur elle la résis-

tance et le poids du poisson pris. Les
meilleurs hains, les plus estimés, sont
ceux qui sortent des manufactures de
Limerick, en Irlande, ou qui ont été
fabriqués en France sur leur modèle,
et avec le même soin et le même choix
de la matière première.

Il y a des hains d'une vingtaine de
numéros différents. Les plus forts ont
jusqu'à six centimètres de développe-
ment, avec une grosseur proportion-
née; les plus fins, les hains à ablettes,
ont la ténuité d'un cheveu. Le pêcheur
proportionne toujours la force des
hains à la résistance de la ligne qu'ils
terminent, et l'un et l'autre à la taille
du poisson qu'il espère prendre.

Quoiqu'il y ait une foule de manières
de pêcher avec des hains, toutes ces
pêches viennent naturellement se clas-
ser en deux catégories bien tranchées,
qui sont : la pêche de fond et la pêche
flottante.

La pêche de fond se fait au moyen
d'une maîtresse corde à laquelle on

attache depuis deux jusqu'à cinquante hains, fixés à des empiles ayant chacune de vingt à trente centimètres de longueur. Ces empiles sont des cordelettes très—fines et très—solides; on emploie pour les fabriquer toutes sortes de matières, telles que le chanvre, le lin, le crin, la soie, le mors-à-pêche (1), le laiton, la corde à boyau, etc. Un ou plusieurs plombs, ou simplement des

(1) On appelle *mors-à-pêche* un fil blanc, transparent, d'une solidité très-grande relativement à sa ténuité, qu'on obtient par le procédé suivant. Quand un ver à soie est parvenu à sa maturité et va commencer son cocon, on le met dans du vinaigre, et on l'y laisse macérer pendant plusieurs heures. Au bout de ce temps, on saisit l'organe du ver qui contient la matière soyeuse par ses deux extrémités, et on l'étend, on l'allonge, en tirant sans secousse, jusqu'à ce qu'on ait transformé cette matière en un fil. Il est rare qu'on obtienne un bout ayant plus de trente centimètres de longueur.

Un bon mors-à-pêche doit offrir les caractères suivants : être lisse, sans inégalités, rond et d'une transparence parfaite; ceux qui sont plats, ternes, et qui dans leur étendue présentent une seule dépression, ne sauraient être assez soigneusement rejetés. On prend trop rarement de belles pièces pour s'exposer par sa faute au risque de les perdre après les avoir piquées.

pierres de grosseur suffisante pour maintenir la *cordée* en place, malgré l'effort du courant et celui des poissons pris, complète cet appareil, que l'on coule sous l'eau après avoir préalablement amorcé chaque hain avec un appât quelconque.

La ligne de fond, ou plutôt la cordée, telle que je viens de la décrire, peut servir à prendre toute espèce de poissons, depuis le goujon jusqu'aux brochets. Il suffit, pour l'approprier à une pêche spéciale, d'employer des hains proportionnés à la taille des poissons qu'on veut prendre, et les appâts dont ils sont friands. En outre, comme la plupart des appâts conviennent à différents poissons, quand on amorce, par exemple, avec de gros vers de prairie, il n'est pas rare qu'on trouve à la même cordée, uniformément appâtée, des anguilles, des chevannes, des barbeaux, des perches, etc.

La cordée se coule ordinairement le soir, en pleine rivière, et ne se relève que le lendemain matin au petit jour. Une fois mise à l'eau, le pêcheur ne s'en occupe plus. Aussi ne peut-il revendiquer d'autre mérite, si la pêche est fructueuse, que d'avoir bien installé son engin et d'avoir choisi une place et des appâts convenables, puisque le poisson s'y est pris tandis qu'il dormait tranquillement dans son lit. Il peut bien faire preuve d'adresse et d'expérience lorsqu'il lève sa cordée pour se rendre maître d'une belle pièce; mais ce poisson, qui depuis plusieurs heures s'est épuisé en efforts inutiles pour briser le fil qui le retient, est une capture peu glorieuse.

Les petites cordées, qu'on nomme plus spécialement lignes de fond, pour les distinguer de la cordée proprement dite, toujours armée d'un grand nombre de hains, se manœuvrent d'une manière toute différente.

Une ligne de fond est généralement plus fine et plus soignée dans tous ses détails qu'une cordée. Rarement on y

met au delà de quatre hains, et ces
hains sont le plus souvent fixés à la
corde principale, soit avec des mors-à-
pêche, soit avec des cordes à guitare (1).
Enfin la maîtresse corde est ordinairement en soie. Une ou plusieurs balles
de plomb la maintiennent sous l'eau.

On pêche à la ligne de fond tantôt
de la rive, tantôt à bord d'un batelet.
Les uns l'attachent simplement à un
piquet qu'ils fichent en terre ou à une
cheville du batelet ; d'autres, mieux
inspirés, la montent au bout d'une
gaule flexible, en osier, en noisetier
ou en troëne. Ce dernier bois est pré-
férable aux deux autres.

Un pêcheur tend à la fois cinq,
dix, quinze et jusqu'à vingt lignes
de fond. Il les relève toutes les dix

_____

(1) Les cordes à guitare sont préférables au fil de laiton, parce qu'elles sont moins roides et moins cassantes
que celui-ci, qui n'offrait d'autre avantage sur le chanvre
que de ne pouvoir être coupé par les dents du brochet,
avantage que présentent peut-être à un degré supérieur
les cordes à guitare.

minutes, à moins qu'il ne s'aperçoive, au mouvement de la gaule ou de la corde, qu'un poisson vient de se prendre, car alors il manœuvre tout de suite pour s'en rendre maître. Si le poisson est de taille moyenne ou au-dessous, il le tire à terre sans précaution particulière; mais si la pièce est un morceau capital, ou si, sans être très-grosse, elle s'est prise par exemple à une ligne à goujons, la grande affaire n'est pas de la piquer, mais de l'amener en terre ferme. C'est dans ce cas-là surtout que le pêcheur qui se sert de gaules est amplement récompensé de la peine et de l'embarras que lui donnent la conservation et le transport de ces engins, lourds et incommodes quand on se rend sur le champ de bataille et quand on en revient, pour peu que la course soit longue.

En effet, le pêcheur qui a pris dans sa main la maîtresse corde de la ligne de fond, au bout de laquelle se démène un barbeau d'un kilogramme, court grand risque d'être obligé de se contenter pour le quart d'heure de la satisfaction de sentir pendant une demi-minute le poisson secouer sa ligne, si cette ligne, bien entendu, était destinée à des goujons, dards, etc. Que fera-t-il, que peut-il faire pour amortir la violence des chocs que reçoivent son empile et son hain ? rien de bien efficace. Il pourra tout au plus ne pas augmenter la tension que supporte l'appareil lorsqu'il tire de son côté pendant que le barbeau tire du sien, se contenter de retenir sa ligne, ou, prenant un parti désespéré et risquant le tout pour le tout, tenter d'enlever vivement le barbeau et de le faire sauter sur l'herbe à l'instar d'une ablette. On a vu ce procédé réussir.... comme on a vu des gens tomber d'un premier étage sans se casser aucun membre.

Examinons comment en pareille occurrence va se tirer d'affaire le pêcheur qui ne craint pas sa peine, et opère avec des lignes emmanchées au bout de gaules à la fois souples et solides.

D'abord, premier avantage : quand le barbeau, se sentant piqué par la pointe d'un hain qui ne lui était pas destiné, filera comme un trait, au lieu d'imprimer à l'appareil une brusque secousse, un coup sec (ce qui aurait infailliblement lieu si la ligne était liée à un corps rigide, pieu ou cheville), il se trouvera retenu par une baguette pliante qui mollit et cède, et par son élasticité transforme les secousses du captif en une suite de tiraillements amortis et moelleux, et qui par conséquent feront beaucoup moins péricliter les parties faibles de la ligne.

Voilà pour l'attaque ; grâce à la gaule, le pêcheur, en arrivant sur le théâtre de l'action pour y prendre part, ne trouve pas sa ligne veuve d'un hain. Il saisit d'une main ferme et calme sa gaule, dont l'extrémité fouette l'eau, et sans s'émouvoir il laisse son ennemi faire ployer la baguette dont la souplesse protége son engin. Tantôt le barbeau court au large et décrit de brusques crochets, tantôt il pique au fond et reste immobile, ou cherche à se crôner sous une pierre. Mais le pêcheur connaît toutes les roueries de l'animal aquatique. Sa gaule, qu'il tenait d'abord horizontale quand le poisson était dans toute sa force et qu'il fallait lui obéir, il la relève peu à peu pour diminuer l'erre du barbeau : il ne le laisse plus vagabonder au loin ni raser le fond du fleuve ; il commence, au contraire, en profitant de ses fugues, à le conduire peu à peu vers le point de la rive le plus propice pour terminer le combat, c'est-à-dire dans un endroit où la berge inclinée lui permet de tremper sa main dans l'eau.

Arrivé là, il attend encore patiemment que le poisson, épuisé, ne se débatte plus que convulsivement. Alors il passe dans sa main gauche la gaule qu'il tenait jusque-là de la main droite ; il s'accroupit auprès du fleuve, et, maintenant le barbeau à fleur d'eau, il

l'amène ainsi vers la rive ; puis, passant sa main droite, restée libre pour
cette expédition, sous le ventre du barbeau toujours suspendu à la ligne, il
le saisit en plongeant deux doigts dans
ses ouïes, et le jette magistralement
sur la berge.

Tout cependant ne marche pas à
chaque rencontre aussi rondement que
je viens de le raconter. Le chapitre des
accidents imprévus, que le ciel envoie
trop fréquemment, hélas ! pour humi-
lier le pêcheur et mûrir son expérience
et sa patience, est au contraire d'une
longueur telle que je n'ose l'aborder.

La pêche à la ligne flottante diffère
de la pêche de fond en ce que la ligne
est pourvue d'un flotteur qui soutient
entre deux eaux, n'importe à quelle
profondeur, le plomb plus ou moins
lourd dont l'extrémité inférieure de
cette ligne est chargée. Il serait fort à
désirer que le gouvernement adoptât
ou rejetât cette définition, afin que les
amateurs de la pêche à la ligne sussent

positivement à quoi s'en tenir sur la
signification d'un article fort important
pour eux de la loi sur la pêche fluviale (1) ; très-souvent, en effet, ils ont
été inquiétés par les gardes et traduits
en police correctionnelle pour délit de
pêche, parce que leurs lignes étaient
plombées, et quoiqu'elles eussent un
flotteur capable de soutenir le plomb.
Quelques tribunaux ont même con-
damné, en se fondant sur ce que la
ligne *flottante* ne s'entend que d'une
ligne restant à la surface de l'eau. Cette

(1) Voici cet article :

« Néanmoins il est permis à tout individu de pêcher
à la ligne flottante tenue à la main, dans les fleuves, rivières et canaux désignés dans les deux paragraphes de
l'article premier de la présente loi. »

Les deux paragraphes relatés s'expriment ainsi :

« Dans tous les fleuves, rivières, canaux et contre-
fossés navigables ou flottables avec bateaux, trains ou
radeaux, et dont l'entretien est à la charge de l'État et
de ses ayants droit ;

« Dans les bras, noues, boires et fossés qui tirent leurs
eaux des fleuves et rivières navigables et flottables, dans
lesquels on peut en tout temps passer ou pénétrer librement un bateau de pêcheur, et dont l'entretien est également à la charge de l'État. »

interprétation de la loi prouve tout simplement, à mon avis, la profonde ignorance en matière de pêche des juges qui l'ont admise. Puisque le législateur a permis à chacun de se livrer à une espèce de pêche, il est absurde de supposer qu'il n'a entendu accorder qu'une faculté illusoire, en un mot qu'il a permis de pêcher à condition qu'on ne pourrait rien prendre.

La pêche à la ligne flottante est trop connue pour que j'entre à son sujet dans des détails qu'il convient de laisser aux *manuels*. Je dirai seulement que c'est pour l'homme de cabinet un exercice salutaire, pour l'ouvrier un délassement, pour l'oisif une occupation innocente, et pour tous un plaisir qu'on se procure à très-peu de frais, et qui ne laisse jamais comme tant d'autres de ces arrière-goûts que l'on appelle, selon les cas, regret, déception ou remords.

CHAPITRE II

DE QUELQUES PÊCHES SPÉCIALES.

Après avoir indiqué dans le chapitre précédent les procédés généralement usités, à quelques modifications près, dans le monde civilisé, pour se procurer du poisson d'eau douce, il me reste à faire connaître un petit nombre de pêches spéciales et qui ne se pratiquent que dans certains pays, dans certains cantons.

Parmi ces pêches je ne choisirai que les plus curieuses.

Les Indiens Chippeways, qui habitent autour des grands lacs de l'Amérique du Nord, dans le haut Canada, et qui vivent en grande partie des produits de leur pêche, se servent, presque à l'exclusion de tout autre engin, d'une espèce de trident, avec lequel ils harponnent le poisson. Tous les voyageurs qui ont visité ce pays, aussi bien que les colons qui s'y sont fixés, s'accordent pour citer, comme tenant du prodige, l'habileté avec laquelle les Chippeways, les Lenapes et les Indiens des tribus voisines, les premières surtout, manient le trident.

Quand les Chippeways vont à la pêche, ils montent deux dans une pirogue légère, longue de cinq à six mètres et large d'un mètre au plus, de manière qu'un homme puisse enjamber le canot et se placer debout, un pied posé sur chaque bord de l'embarcation.

Les deux pêcheurs, ainsi perchés, abandonnent leur pirogue au courant du torrent ou du fleuve, et, bien loin de chercher à le diriger, le laissent suivre le fil de l'eau. Cette manœuvre, qu'aucun voyageur, tout en remarquant sa singularité apparente, ne s'est expliquée, est cependant très-rationnelle. En effet, en laissant leur pirogue suivre le fil de l'eau, la vitesse du courant se trouve complétement annulée pour eux (1), puisque leur embarcation fait, pour ainsi dire, corps avec la masse fuyante : ils aperçoivent donc et harponnent le poisson dans les mêmes conditions et avec la même facilité que dans les eaux immobiles d'un lac.

A mesure que le canot, qui obéit à toutes les fantaisies du torrent, passe dans sa course vagabonde à portée d'un poisson, l'Indien le transperce avec son trident barbelé, et, sans quitter sa pos-

______

(1) Pour vérifier ce fait, il suffit de se placer dans un batelet et de se laisser entraîner par le courant d'un fleuve. En baissant les yeux de manière à ne voir que l'eau et l'embarcation, l'une et l'autre semblent d'une immobilité parfaite.

ture, le détache et le jette dans le canot. Il n'est pas rare que celui-ci, rencontrant un tronc d'arbre, un rocher, le heurte et chavire. Si cet incident ne compromettait pas le produit de la pêche déjà faite, les Indiens le redouteraient peu et ne s'en inquiéteraient guère; car redresser leur pirogue, la vider et s'y replacer, n'est pour eux qu'un jeu, l'affaire de quelques minutes.

Il arrive encore à un pêcheur Chippeway de harponner un brochet, un saumon, dont le poids est tel qu'il n'y a pas moyen de l'enlever hors de l'eau au bout de son trident. Alors l'Indien lâche le manche de celui-ci, solidement fixé dans le corps du poisson monstrueux, et le suit à la nage. L'animal, profondément blessé, et obligé de traîner après lui une perche de quatre à cinq mètres qui gêne ses mouvements, ne tarde pas à épuiser ses forces. L'Indien attend ce moment, ressaisit alors le manche de son trident, plonge jusqu'à son fer, et entame avec le brochet une lutte corps à corps qu'il termine en enfonçant ses mains dans les ouïes du poisson de manière à l'étouffer en arrêtant le jeu de ces organes.

Pendant cet épisode, qui se reproduit assez fréquemment dans ce genre de pêche, le camarade resté dans la pirogue se hâte de la diriger vers la rive, où il attend son compagnon, qui de son côté aborde où il peut avec sa capture, et vient le retrouver par terre.

Le système de pêche le plus généralement adopté dans les fleuves et les rivières de l'Asie méridionale, depuis le golfe Persique jusqu'à la mer de Chine, est la pêche au carrelet. Mais les carrelets employés dans ces contrées ont des dimensions telles, que leur manœuvre exige des appareils mécaniques et le concours d'une douzaine de personnes.

Qu'on se figure trois pièces de bois disposées de façon que, debout et inclinées les unes vers les autres, leurs extrémités supérieures réunies et fixées solidement ensemble offrent, à une hauteur de cinq à six mètres, un point d'appui d'une grande puissance. Un long balancier est horizontalement suspendu par son milieu à ce point d'appui. L'un de ses bouts soutient un immense carrelet qui fait poche beaucoup plus que les carrelets dont on se sert en Europe. L'autre bout du balancier est chargé d'une énorme pierre destinée à faire contre-poids au filet et à rendre sa levée plus facile.

L'espèce de trépied qui porte le balancier est disposé au bord du fleuve de manière que l'extrémité du balancier armée du filet s'allonge au-dessus de la rivière.

Comme le bras du balancier chargé du filet et de son armature est beaucoup plus lourd que l'autre bras, malgré sa pierre, dès que les pêcheurs larguent les cordages qui retiennent celui-ci, le bras au filet bascule et descend dans l'eau. Mais alors l'eau le soutient, et neutralise l'effet de sa pesanteur rela-

tive. On est donc obligé de le forcer à
s'apiquer davantage, et à entraîner le
filet au fond du fleuve au moyen d'un
cordage convenablement fixé, sur lequel on hale vigoureusement, et qu'on
finit par lier à un pieu pour maintenir
le carrelet immobile.

Pour le relever, on commence par
détacher l'amarre qui le retient sous
l'eau ; puis tous les pêcheurs, pesant
à la fois au moyen de divers cordages
et palans disposés à cet effet sur le bras
opposé à celui que supporte le filet,
font rapidement basculer le balancier,
en sorte que son bout chargé du filet se
trouve en l'air, et son autre bout à ras
le sol.

Ce mouvement de tout l'appareil a
bien enlevé le filet hors de l'eau, le
poisson qu'il contient est bien retenu
captif ; mais ce filet est resté suspendu
au-dessus du fleuve, et l'on ne peut ni
l'atteindre ni le vider. Le mode de sus-
pension adopté pour le balancier an-
nule cette difficulté. Le balancier est

susceptible non-seulement d'un mouvement vertical, mais d'un mouvement dans le plan de l'horizon. Il suffit donc aux pêcheurs qui manœuvrent le balancier de faire décrire un arc de cercle à l'extrémité qu'ils ont abaissée, pour que le filet fasse un demi-tour, vienne se poser au-dessus de la rive et s'y abatte avec sa capture.

Quelquefois, au lieu de monter cet appareil de pêche, fort productif dans les cours d'eau de l'Inde, qui sont généralement très-poissonneux ; quelquefois, dis-je, au lieu de monter cet appareil à terre, on le dispose sur un radeau pour pouvoir pêcher en pleine rivière. Dans ce cas-là, on le manœuvre de la même manière ; seulement on réduit ses proportions, à cause du manque de fixité du point d'appui.

Dans les environs de la ville de Cochin (côte de Malabar), les bords de la rivière sont hérissés d'un si grand nombre de ces gigantesques carrelets, que les oiseaux ichthyophages, attirés par l'énorne quantité de poissons exposée à leurs regards, y obscurcissent parfois le ciel de leurs immenses volées, et viennent sous les yeux des pêcheurs prendre leur part du butin. Des hommes armés de bambous sont apostés près des filets pour repousser ces insolents maraudeurs.

En Norwége, on se sert, pour prendre les saumons, d'un filet en nappe que l'on coule au fond de l'eau, où il repose étendu à plat sur le lit d'un lac ou d'une rivière. A la corde qui borde ce filet sont attachées, de distance en distance, des ficelles minces, mais très-solides, fixées à de gros liéges qui flottent à la surface de l'eau. A ces liéges aboutissent d'autres cordages qui viennent tous se réunir dans la main du pêcheur, couché sur la partie supérieure d'une espèce de large échelle dressée et maintenue au-dessus des eaux du lac, avec le niveau duquel elle forme un angle d'environ quarante-cinq degrés.

C'est ainsi qu'étendu à plat ventre, sur une peau d'ours ou de mouton, le pêcheur norwégien attend, dans une immobilité complète, qu'une bande de saumons passe au-dessus de son filet. La transparence des eaux de la plupart des lacs et des rivières de son pays est si grande que, même au clair de lune, il distingue assez bien ce qui se passe jusques à quatre mètres au-dessous de la surface du lac pour manœuvrer son engin au moment opportun, c'est-à-dire quand une certaine quantité de saumons se jouent au-dessus de son filet. Alors il retire vivement ses cordes à lui; les flottes de liége se rapprochent et en-traînent le filet avec elles, en sorte que celui-ci prend la forme d'un sac où les saumons se trouvent renfermés.

Cette pêche, la plus usitée en Nor-wége, est une nouvelle preuve de l'in-nombrable quantité de saumons qui peuple tous les cours d'eau de ce pays. Ce n'est, en effet, que dans une rivière ou un lac très-poissonneux qu'un pareil procédé peut ètre mis en usage et donner des résultats.

Mes lecteurs seront peut-ètre très-étonnés quand je leur apprendrai que pendant l'été, dans les rivières peu profondes dont le lit et les bords sont semés de pierres et de rochers, la manière la plus simple et la plus sûre de prendre de beaux poissons, c'est de les prendre à la main. Rien n'est plus vrai cependant : avec un peu d'habitude (facilement acquise au bout d'un mois au plus d'apprentissage), celui qui sait assez bien nager pour se tirer d'un mauvais pas, et qui ne craint pas de se mettre à l'eau, sera toujours certain, dans la plupart des rivières, de prendre à la main un plat de poisson pour son dìner.

J'ai souvent vu pratiquer cette singulière pèche, qui ne demande d'autre engin qu'un sac ou un filet pour mettre son butin. Les poissons dont on s'empare ainsi sont le barbeau, la carpe, le dard, la chevanne et mème la truite ;

mais pour cette dernière il faut être très-habile, et je n'ai jamais connu qu'un seul individu qui réussît avec elle.

Pour s'expliquer comment on peut prendre les poissons à la main, il faut savoir qu'un poisson surpris et effrayé par une brusque apparition, au lieu de fuir et de gagner le large, se cache au plus vite et au plus près dans le premier trou, sous la première pierre qu'il trouve à sa portée, et qu'une fois crôné (blotti) il reste immobile, et attend pour sortir de sa cachette que le danger soit passé, ou du moins qu'il n'entende plus aucun bruit.

Il suffit donc, pour le saisir, d'explorer avec les mains les fentes et les excavations des bords d'une rivière, et de chercher sous les pierres de son lit. L'habitude dont je parlais plus haut consiste moins à trouver et à toucher le poisson, ce qui est facile, qu'à l'empoigner de manière qu'il ne glisse pas entre vos doigts.

Mais toute chose a ses inconvénients : ce qui, pour ma part, m'a dégoûté de cet exercice, c'est d'abord que l'eau me semble toujours trop froide, et ensuite qu'en cherchant des poissons dans leurs cachettes, j'y ai parfois trouvé ce que je n'y cherchais pas du tout, c'est-à-dire des rats, des couleuvres et des écrevisses armées de leurs pinces. Avis aux amateurs.

Parmi les animaux sauvages, il en est deux que l'homme a eu l'idée d'apprivoiser et d'instruire pour l'aider dans sa pêche : la loutre et le cormoran.

On a longtemps mis en doute qu'un animal aussi farouche que la loutre pût être amené par l'éducation à rendre au pêcheur des services analogues à ceux que le chien rend au chasseur, et parmi les incrédules il faut citer Buffon, le célèbre naturaliste qui a décrit dans un style magnifique et avec une grande exactitude les formes extérieures de beaucoup d'animaux dont il n'a pu étudier, soit à la ménagerie, soit dans son cabinet, ni les habitudes, ni les mœurs, ni le caractère.

Cependant il est aujourd'hui avéré que le chevalier Pack avait une loutre qui *rapportait* comme un épagneul et allait, sur un signe de son maître, chercher un poisson dans un étang.

Il n'est pas moins certain que, vers le milieu du xvɪɪ siècle, on voyait assez fréquemment chez les paysans de certaines provinces de la Scandinavie, des loutres apprivoisées au point d'être les pourvoyeurs ordinaires du poisson nécessaire à la consommation de la maison.

Enfin l'évêque Héber raconte dans ses mémoires que, pendant son voyage en Asie, il traversa un canton où il aperçut attachées, à côté de la cabane d'un pêcheur indien, plusieurs loutres qui paraissaient aussi accoutumées à la domesticité qu'un cheval ou qu'un âne.

« Ces loutres, dit-il, étaient attachées chacune à un piquet de bambou au moyen d'une laisse et d'un collier de paille. Quelques-unes nageaient aussi loin que leur laisse le permettait; d'autres étaient couchées sur la rive; d'autres se roulaient au soleil avec un petit sifflement aigu qui paraissait être un cri de plaisir. On m'a dit que dans ce canton beaucoup de pêcheurs avaient une ou plusieurs loutres aussi apprivoisées que des chiens et qui leur rendaient des services analogues, tantôt poussant dans leurs filets des bandes de poissons, tantôt saisissant les plus gros avec leurs dents et les rapportant elles-mêmes. »

Il est probable que si l'emploi de la loutre, comme auxiliaire de pêche, ne s'est ni généralisé ni même répandu, c'est à cause des instincts destructeurs de cet amphibie, qui poursuit les poissons avec un acharnement sans égal, en blesse et en tue plus qu'il n'en prend, et épouvante ceux qui lui échappent au point de leur faire déserter le canton.

Quant au cormoran, il y a des siècles

que les pêcheurs chinois s'en servent pour exercer leur métier, et l'on évalue dans le pays la richesse d'un pêcheur par le nombre de cormorans dressés qu'il possède. Quelques-uns en ont une centaine et même davantage.

Lorsqu'ils partent pour la pêche, ils emmènent avec eux une bande de cormorans qui, tranquillement perchés sur le bord du bateau, attendent que leur maître leur donne le signal de se mettre en quête (1). Alors ils prennent leur vol, nagent et plongent à la recherche du poisson, et rapportent fidèlement leur capture au bateau.

Il est vrai qu'un anneau de cuivre passé dans leur cou met bon ordre à ce qu'ils ne soient pas tentés de pêcher pour leur compte personnel, puisque cet anneau ne leur permet pas d'avaler un poisson gros comme les deux pouces.

____

(1) Le Père Lecomte donne à ce sujet des détails fort curieux, surtout parce qu'il parle comme témoin oculaire.

DEUXIÈME PARTIE

PÊCHE MARITIME

CHAPITRE I

I. Grande Pêche. — II. Pêche de la Baleine. — III. Pêche du Cachalot. — IV. Pêche de la Morue.

I

GRANDES PÈCHES.

On donne le nom de grandes pêches à la pêche de la baleine, à celles du cachalot et de la morue, parce qu'elles nécessitent un long voyage, un fort navire et des frais d'armement qui en

font une opération commerciale de premier ordre. Toutes ces circonstances
établissent une ligne de démarcation
nettement tranchée entre la grande et
la petite pêche. Celle-ci, en effet, se
fait dans le voisinage des côtes, au
moyen de bateaux dont le tonnage dépasse rarement trente tonneaux. Ces
bateaux sont d'ailleurs commandés par
de simples patrons (1), assez fréquemment propriétaires de l'embarcation
qu'ils montent.

Comme je m'aperçois que le peu de
feuillets qui restent à ma disposition ne
me suffiraient pas pour raconter l'his-
toire si curieuse des grandes pêches

(1) On distingue dans la marine marchande deux grades
qui s'obtiennent par un certain temps de navigation et à
la suite d'examens publics. Le premier grade est celui
de capitaine au long cours ; il donne le droit de com-
mander toute espèce de navire, et de le conduire n'importe où. Le second grade, celui de maître au cabotage,
permet seulement au porteur de ce titre d'entreprendre,
comme chef d'un équipage, des traversées le long
des côtes, et de port en port. Le patron d'un bateau de
pêche peut exercer son métier sans posséder ni l'un ni
l'autre de ces grades ; c'est un simple matelot.

depuis les temps les plus reculés jusqu'à nos jours, et pour donner ensuite les détails voulus sur la manière dont ces pêches se pratiquent habituellement (détails que je ne puis omettre sans mentir à mon titre), je préfère laisser franchement de côté la partie historique et rétrospective, au lieu de rester dans de vagues généralités et de tronquer deux sujets qui ne l'ont que trop souvent été dans des livres du genre de celui-ci.

Anciennement on désignait sous le nom de baleines tous les habitants des mers qui atteignent des proportions gigantesques, et on les rangeait parmi les poissons. Aujourd'hui, dans les classifications nouvelles, on n'a conservé le nom de baleines qu'à une tribu de la famille des cétacés, qui se compose du cachalot, de la baleine franche, du balénoptère et du rorqual.

Les pêcheurs ne poursuivent qu'accidentellement les balénoptères et les rorquals ; c'est contre la baleine franche et le cachalot qu'ils dirigent tous leurs efforts. Je ne consacrerai donc un article spécial qu'à chacune de ces pêches.

II

PÊCHE DE LA BALEINE.

La baleine franche est un animal à sang chaud, qui respire par des poumons l'air atmosphérique, et dont la femelle met au jour un petit vivant qu'elle allaite.

La baleine, comme on le voit, n'a de commun avec les poissons que l'apparence extérieure et le milieu dans lequel elle se meut, puisqu'elle possède les organes vitaux du mammifère terrestre.

La forme générale du corps de la

baleine a été trop souvent reproduite
par la gravure pour qu'il soit nécessaire de la décrire. Je ferai seulement
remarquer que la tête est démesuré-
ment grande, puisque son volume
égale la grosseur du corps, dont elle
représente en outre plus du tiers de la
longueur totale.

Cette tête monstrueuse est fendue
dans presque toute sa longueur par une
bouche dont la mâchoire inférieure
reçoit, emboîte la mâchoire supérieure.

Toute la cavité de la première est
occupée par une langue épaisse, molle,
adhérente et incapable de s'étendre ou
de se mouvoir. Cette langue a, suivant
la taille des individus, de cinq à huit
mètres de long sur trois à quatre
mètres de large, et fournit quelquefois
cinq tonneaux d'huile.

La mâchoire supérieure est pourvue
d'un système de lames cornées, nommées fanons. Ces lames, implantées
dans l'épaisseur cartilagineuse du
palais, placées côte à côte, courbées

en fer de faux, plus larges à leur base qu'à leur extrémité libre, sont également plus épaisses sur la face de leur tranchant qui s'applique contre le palais de l'animal. L'autre tranchant, beaucoup plus mince et plus mou, est hérissé de longs poils fibreux, roides et grossiers.

Toutes ces lames varient de longueur, de largeur et d'épaisseur, selon la place qu'elles occupent dans la bouche. Les plus centrales, celles qui s'avancent du fond vers l'extrémité des lèvres, sont naturellement les plus grandes, et dans les baleines de forte taille elles atteignent souvent jusqu'à quatre mètres de longueur sur quinze centimètres de largeur moyenne, et douze à quinze millimètres d'épaisseur. Les autres lames vont toujours en diminuant, à mesure que le point de leur insertion s'écarte de celui des lames centrales.

Je dirai en passant que ces lames constituent la substance connue sous le nom de *baleine*. Cette substance est composée d'une masse de fibres noyées dans une espèce de mucus coagulé. Ces fibres ne sont pas adhérentes les unes aux autres, ne se touchent même pas, ne forment pas par conséquent un tissu : elles ne font, au contraire, corps que par l'effet du mucus coagulé, espèce de ciment qui relie ces fibres les unes aux autres, comme le béton relie les pierres d'une maçonnerie.

La bouche de chaque baleine contient environ seize cents lames.

Il n'y a que la baleine franche, le rorqual (1) et le balénoptère (2) dont la mâchoire supérieure porte des fanons.

Le rorqual et surtout le balénoptère, agile, hardi, défiant, très-dangereux quand il est blessé, est une proie non-seulement difficile à atteindre, mais qui offre peu de profit. Ses fanons, en effet, ont beaucoup moins de valeur

(1) Le Sarde des pêcheurs.

(2) L'Américaine des pêcheurs.

que ceux de la baleine, et l'on ne retire de son corps qu'une quantité d'huile
bien inférieure à celle que donne la
baleine franche : aussi les baleiniers
ne se décident–ils à l'attaquer que lorsque celle–ci *ne donne pas,* en termes
du métier.

La baleine, en raison de la confor-
mation de sa bouche et de son gosier,
ne peut se nourrir que de poissons de
petite taille, tels que les merlans, les
harengs, etc. Elle mange aussi des
herbes marines, des crustacés, des
mollusques. Quant aux poissons qui
paraissent constituer le fond de sa
nourriture, elle les engloutit par milliers lorsqu'elle en rencontre des
bandes. Pour cela il lui suffit d'ouvrir
la bouche ; le remous considérable produit par le seul écartement de ses mâchoires, les entraîne dans le gouffre
qui s'entr'ouvre tout à coup devant eux.

Anciennement les baleines étaient
répandues dans la plupart des mers du
globe ; mais aujourd'hui on est obligé

d'aller les chercher dans les parages où elles semblent s'être réfugiées pour échapper aux poursuites de l'homme.

Parmi ces parages, ceux que fréquentent le plus habituellement les baleiniers sont : les mers du détroit de Davis, les baies de Baffin et de Lancastre ; c'est là que se fait la pêche dite du Nord, pêche florissante autrefois, mais qui perd d'année en année de son importance, et à laquelle la France a déjà renoncé. Les côtes ouest de l'Afrique, depuis le vingt-septième degré de latitude sud jusqu'au seizième, sont aussi visitées tous les ans par une véritable flotte de baleiniers ; ces côtes arides et nues offrent une série de baies plus ou moins profondes, dans lesquelles les baleines paraissent en mai pour les quitter en août. Une opinion généralement accréditée chez les pêcheurs, c'est que les baleines s'y rendent pour mettre bas.

Les navires qui explorent ces mers ont l'habitude de visiter ces baies les unes après les autres, en commençant par celles du nord. Les plus connues des baleiniers sont celles de Sainte-Élisabeth, d'Andra-Pequena, de Walwish-Bay et des Tigres. Andra-Pequena offre de plus un mouillage parfaitement sûr.

Au mois de septembre, les baleiniers quittent les côtes d'Afrique, s'avancent vers l'ouest jusqu'aux îles de Tristan-d'Acunha, et restent dans leur voisinage pendant les mois d'octobre, novembre et décembre, époque durant laquelle les baleines fréquentent les mers profondes qui baignent ces îles. Quoique les baleines qu'on prend dans les parages de Tristan-d'Acunha soient ordinairement moins grosses et moins grasses que celles de la côte d'Afrique, la pêche y est souvent heureuse et abondante, à cause du beau temps dont jouissent assez fréquemment les navires pendant tout leur séjour dans ces mers.

Quelquefois les baleiniers partis d'Europe ou des États-Unis terminent là leur voyage, et retournent à leur port d'expédition dans les premiers jours de janvier; dans ce cas, leur voyage ne dure qu'environ un an. Mais il est rare qu'ils aient été assez favorisés par les circonstances pour pouvoir agir ainsi. Alors, au lieu de faire route pour l'Europe, ils vont se ravitailler et se réparer dans un port du Brésil, de préférence à Sainte-Catherine, où les vivres et les matériaux de construction et d'armement sont à très-bon marché, et, après un mois de relâche, ils se dirigent vers les côtes de la Patagonie, de manière à y arriver pour la saison de la pêche: mai, juin et juillet. Les baleines qu'on prend dans ces parages ne sont guère plus grosses que celles de Tristan-d'Acunha; mais elles sont excessivement grasses et fournissent proportionnellement beaucoup plus d'huile.

Si, malgré ses efforts sur ce nouveau théâtre de pêche, le baleinier n'a pu compléter son chargement, il quitte les côtes d'Amérique, et va en décembre et janvier tenter la fortune autour des îles Malouines, parages dangereux, battus par les tempêtes, et où, même pendant le beau temps, l'approche de la terre est toujours difficile.

L'espèce d'itinéraire que je viens d'indiquer n'est pas toujours suivi par les baleiniers. Il est même rare qu'un capitaine ait en partant un plan de campagne définitivement arrêté ; les vents qu'il rencontre, les avis qu'il reçoit en route lui font souvent prendre une tout autre direction que celle qu'il projetait. Ainsi quelquefois, au lieu de pêcher sur les côtes d'Afrique, il se rend droit vers le sud de l'Amérique, commence par la Patagonie, double le cap Horn, explore les côtes du Chili, ou, continuant sa course vers l'O.-N.-O., s'enfonce dans l'immensité de la mer Pacifique, et va chercher des baleines autour des îles innombrables de l'Océanie, pour regagner l'Atlantique par le cap de Bonne-Espérance. Ce sont surtout les Américains de l'Union qui, aventureux et hardis par tempérament, laissent le plus fréquemment les routes battues pour entreprendre de pareilles expéditions. Mais dans ce cas, quoique la pêche de la baleine reste toujours le but principal de l'armement, chemin faisant ils se livrent à un commerce d'échange très-fructueux : achetant ici, troquant ailleurs, vendant partout, ils touchent, selon l'occasion, aux denrées les plus diverses, depuis les nids de salanganes (1), les tripangs et les ailerons de requin (2), si prisés des Chinois, jusqu'aux perles et aux écailles de tortue.

(1) Les nids de salanganes constituent un mets fort estimé en Chine. Ces nids donnent lieu à un commerce important.

(2) Les tripangs sont une espèce de poisson de l'aspect le plus dégoûtant qu'on puisse imaginer. Qu'on se figure, en effet, une masse brune, boueuse, dure et roide, ayant à peine la faculté de se mouvoir. Les nageoires ou ailerons de requins ont aussi une valeur commerciale à Canton ; les Chinois leur attribuent des vertus particulières : c'est l'assaisonnement obligé de certains mets.

Quelquefois encore, il faut bien le dire, la pêche de la baleine n'est qu'un prétexte pour armer un navire dont la destination réelle est un commerce peu légal, c'est-à-dire une espèce de contrebande à main armée qui frise de très-près la piraterie et le brigandage.

D'après beaucoup de navigateurs, ce sont les brutalités et les exactions de tout genre auxquelles ces soi-disants baleiniers se sont livrés envers les insulaires de la mer du Sud, qui ont changé complétement le caractère hospitalier de la plupart d'entre eux. Au lieu d'accueillir, comme autrefois, en amis les étrangers qui viennent se ravitailler ou se réparer chez eux, ils ne saisissent qu'avec trop d'empressement l'occasion de se venger des vols et des avanies auxquels ils ont été en butte ; et malheureusement ce sont presque toujours des innocents qui soldent le compte des coupables.

Les navires destinés à la pêche de la baleine sont ordinairement d'une capacité de quatre à cinq cents tonneaux. Plus grands ou plus petits, ils sont moins propres à ce genre de service.

On ne devrait y employer que des bâtiments d'une très-grande solidité et d'une construction spéciale. Les Américains agissent toujours ainsi; mais en France on n'y a pas toujours regardé de si près; de là des mécomptes et des sinistres qu'on eût pu prévenir, et qui du reste se reproduisent moins souvent depuis que l'expérience a rendu nos armateurs plus prudents.

En effet, non-seulement un baleinier se livre à une navigation très-fatigante, mais il ne fréquente que les contrées du globe où les ports de radoub sont très-peu nombreux; il s'ensuit que, pour réparer une avarie importante, il peut être forcé d'entreprendre un très-long voyage, au prix de dangers et de pertes dont on ne saurait trop soigneusement diminuer les chances.

Quant à la construction spéciale, voici ce qui en fait une loi.

Chaque fois qu'on a capturé une baleine, on l'amarre le long du navire pour la dépecer. Si la mer est belle, l'opération marche rondement et sans difficulté. Mais si le temps devient mauvais, c'est une tout autre affaire.

Un navire, même de quatre cents tonneaux, ne traîne pas une masse de soixante-dix mille kilogrammes, attachée à ses flancs, sans éprouver d'effroyables secousses, pour peu que la mer soit forte et dure. C'est surtout l'avant du navire qui fatigue, parce que, chaque fois qu'il tend à se soulever, les chaînes qui retiennent la baleine et qui sont fixées à cet avant se roidissent brusquement : il en résulte forcément un contre-coup si violent, qu'on a vu ces chaînes, dont le fer de chaque maillon a plus d'un centimètre de diamètre, se briser net comme un fil.

Il faut donc que toutes les pièces de charpente qui constituent l'avant d'un navire baleinier soient non-seulement choisies avec soin et d'un très-fort échantillon, mais parfaitement liées, pour que rien ne puisse ébranler leur cohésion.

Comme, d'autre part, le pont d'un baleinier ne saurait jamais être assez large, puisqu'il devient un véritable atelier quand on dépèce une baleine et qu'on fond sa graisse pour la transformer en huile, on ne doit donner aucune rentrée aux murailles du navire, afin de ne diminuer en rien la surface de son pont.

Enfin, autant il est indispensable de se préoccuper de la solidité de toutes les parties de la coque d'un baleinier, autant il faut chercher à simplifier son gréement et à le rendre léger et maniable. La raison en est facile à concevoir. Il arrive très-souvent que les travaux de la pêche, le dépeçage d'une baleine, par exemple, quand le temps menace, demandent à être exécutés le plus rapidement possible; or, dans ces moments, moins il faudra employer d'hommes à la manœuvre, plus la besogne avancera vite. D'autres fois encore, quand il s'agit de poursuivre une baleine, moins le capitaine sera obligé de conserver d'hommes à bord du navire pour le manœuvrer, plus les équipages des pirogues pourront être complets, ce qui est une des premières conditions de succès pour la capture d'une baleine poursuivie.

S'il ne s'agissait que de donner à un navire les qualités que je viens d'énumérer, le programme d'un bon baleinier serait assez facile à remplir; mais ce qui désespère les meilleurs constructeurs, c'est qu'après avoir exigé d'eux un bâtiment large, très-fort en bois, taillé pour la résistance, on vient demander de plus qu'il marche bien et s'élève avec rapidité dans le vent : double condition non moins importante que les premières, puisque le baleinier est appelé à faire des voyages de six à sept mille lieues, et à louvoyer très-souvent le long des côtes et dans des passages étroits et difficiles.

Les Américains, malgré l'impossibilité apparente de donner à un navire
des qualités qui semblent s'exclure,
sont parvenus à construire des bâtiments si bien calculés dans leur ensemble et leurs détails, qu'ils font
comme baleiniers un admirable service.
Nous marchons sur leurs traces; et si
nos constructeurs ne les égalent pas
encore sous ce rapport et dans cette
spécialité, c'est que, tandis qu'ils ne
mettent en moyenne qu'un ou deux
baleiniers par an sur le chantier, les
Américains, depuis vingt-cinq ans, en
ont lancé plusieurs centaines (1). *Ce
n'est qu'en fabriquant qu'on devient
ouvrier.*

Après avoir donné ces détails sur le
navire en lui-même, il me reste à faire
connaître son outillage de pêche.

L'équipage d'un baleinier de cinq
cents tonneaux est d'environ quarante

______

(1) Les Américains des États-Unis ont en ce moment
plus de 250 baleiniers en mer ; et nous, une vingtaine au
plus.

hommes. Son matériel spécial se compose :

1° De huit pirogues.

Ces pirogues sont très-légères, très-fines. Ce qui les distingue surtout, c'est que leurs deux extrémités sont exactement pareilles, de façon qu'elles peuvent indifféremment marcher dans les deux sens sans virer de bord. Cette forme est très-avantageuse pour s'approcher d'une baleine, la fuir, revenir, fuir de nouveau sans perdre un temps précieux en évolutions inutiles.

2° De cent cinquante harpons et de plusieurs centaines de manches de rechange, de cinquante lances, de pelles tranchantes, de pelles à découper, de coutelas à deux tranchants pour dépecer, de couteaux pour le même usage, d'écumoires, etc.

3° De chaînes pour enchaîner la baleine au navire ; de deux grandes chaudières en fonte, de deux fourneaux bâtis en brique et à demeure ;

de briques et de chaux pour réparer ces fourneaux ; d'une vingtaine de barriques de charbon de terre pour leur entretien.

4° D'une forge complète avec ses outils, de tous les outils nécessaires à la fabrication et à la réparation des barriques, de quelques milliers de barriques de différentes grandeurs, les unes montées, les autres en douvelles.

Enfin d'une ample provision de lignes de harpon et de lance.

Les lignes de harpon, faites en chanvre de choix, sont composées de quarante-cinq fils ; leur circonférence est d'un peu moins de cinq centimètres, et leur longueur de cent cinquante brasses.

Les lignes de lance n'ont que cent brasses, et, quoique en bon chanvre, elles sont d'une facture moins soignée que les lignes de harpon.

Maintenant que mes lecteurs savent en gros ce que c'est qu'un navire armé

pour la pêche de la baleine, je vais les
initier à la pêche elle-même, en leur
racontant la capture d'une baleine.

Supposons-nous à bord d'un baleinier. Le soleil vient de se lever ; quelques instants auparavant on ne voyait
pas à vingt brasses autour du navire,
et tout à coup la mer resplendit d'une
éblouissante clarté. Le capitaine a fixé
son regard connaisseur sur un point de
l'horizon ; il prend sa lunette, regarde,
et s'écrie : « Une baleine ! »

Aussitôt chaque officier, chaque
matelot court à son poste, et pendant
que le navire lui-même fait route sur
la baleine, on arme quatre pirogues.
Munies de leur attirail de pêche et
montées chacune par six hommes, y
compris l'officier et le harponneur,
elles restent attachées au navire, qui,
pour ménager leurs bras, les remorque
jusqu'à une certaine distance de la
baleine, laquelle dort mollement bercée
par les flots. On prendrait sa masse
grisâtre et luisante, sans forme déci-

dée, plutôt pour un rocher que pour un être animé.

Bientôt le navire s'arrête et met en panne; car le capitaine, de peur d'effrayer la baleine, ne veut pas l'approcher de trop près avec son bâtiment. Les pirogues s'en détachent et se dirigent vers leur proie, toujours immobile. Une d'elles, enlevée par des bras plus vigoureux ou plus ardents, prend la tête de la flottille. Le harponneur est à l'avant; il examine attentivement son harpon, sa ligne, s'assure si cette ligne est placée de manière à filer sans obstacle. Déjà il se campe d'aplomb sur ses jambes pour lancer le harpon. Tout à coup la baleine, qui paraissait endormie, élève son énorme tête au-dessus de la mer, fait un mouvement de bascule, et plonge en déplaçant une colonne d'eau qui vient mugir et tourbillonner à la surface de l'Océan.

Les quatre pirogues, appréciant diversement la route sous-marine que suit la baleine, s'élancent en avant,

mais non pas dans une même direction.
Dix minutes se passent. La baleine reparaît, justement à quelques brasses
d'une pirogue. Le harponneur était
prêt; son arme vole et cache tout entier
le fer qui la termine dans le flanc de la
baleine. Celle-ci bondit sous le coup
et plonge, entraînant après elle le fer
et la ligne qui se dévide avec une telle
impétuosité, que la coche ménagée
dans l'étrave du canot entre laquelle
elle passe, siffle et fume. Quoique
aucun obstacle ne gêne le déroulement
de la ligne qui se dévide à volonté, son
seul frôlement sur l'avant de la pirogue
lui imprime un sillage rapide. Malheur
au canot, si une simple boucle venait
à se former à la ligne ! l'embarcation
et tous ceux qu'elle contient suivraient
la baleine dans les profondeurs de
l'abîme.

L'officier qui commande la pirogue,
craignant que les cent cinquante brasses
de la ligne engagée soient insuffisantes
pour laisser filer la baleine autant qu'il

le faudra, ordonne d'ajuster une seconde ligne à l'extrémité de la première, avant que celle-ci se soit entièrement déroulée.

La baleine avait d'abord piqué presque verticalement; maintenant elle suit une direction horizontale. Ce qui le prouve, c'est que la pirogue ne vogue plus penchée sur le nez, mais droite et bien assise.

Cependant la baleine va se montrer de nouveau, le frémissement des eaux l'annonce. Cette fois encore, elle sort à portée d'une pirogue, d'où part un second harpon qui l'atteint également. Cette nouvelle blessure rend la baleine furieuse. Elle répond à l'attaque en battant la mer de sa queue et de ses nageoires, en se soulevant et en se laissant retomber. Sous ces battements réitérés, sous les chocs d'une pareille masse, les flots s'amoncèlent, la mer s'enfle, d'impétueux remous se forment çà et là. Enfin la baleine lance tout entière au-dessus des eaux son im-

mense tête ; elle va plonger. En effet,
la tête s'enfonce ; mais la queue paraît
à son tour, se balance un instant en
l'air, et, retombant à plat, fait jaillir
entre l'échancrure des deux lobes qui
la composent un torrent d'eau capable
de combler une pirogue exposée à sa
chute.

Quoique tout cela se fût passé en
moins d'une minute, la pirogue d'où
était parti le second harpon, vivement
ramenée en arrière aussitôt le trait
lancé, avait eu le temps de s'éloigner
de ce dangereux voisinage.

La voilà entraînée à son tour par la
baleine, qui, au lieu de filer droit
devant elle, fait à droite et à gauche
des pointes, des courbes, de brusques
crochets. Les deux pirogues qu'elle
remorque par sa double blessure volent sur l'eau. Deux fois elle reparaît
pour respirer ; mais on l'entrevoit à
peine.

Sa vitesse cependant se ralentit peu
à peu ; ses forces s'épuisent ; elle s'ar-

rête même par moments, la ligne qui
mollit l'annonce. Alors les matelots,
saisissant cette ligne, halent bravement
dessus et la rembraquent, pour diminuer la distance qui les sépare de leur
ennemi ; quant aux hommes des pirogues qui n'ont encore pris aucune part
au combat, ils font de leur côté force
de rames dans le sillage de la baleine,
sillage qu'on aperçoit distinctement,
parce qu'à mesure que la baleine sent
sa vigueur la trahir, elle quitte les
profondeurs de la mer pour se rappro-
cher insensiblement de la surface.

Les quatre pirogues suivent donc
leur proie à la piste. Deux n'ont pour
se guider que les bouillonnements de
l'eau ; mais les deux autres ont déjà
tellement diminué la longueur de leur
ligne respective, travaillent si bravement à la raccourcir encore, qu'elles
sont sûres de se trouver à côté de leur
ennemie quand elle s'offrira à leurs
coups. Elle se montre enfin.

Les pirogues l'entourent ; elles

s'avancent à l'envi pour darder leurs lances, puis reculent pour éviter une atteinte qui les broierait. La baleine, frappée de tous côtés à la fois, s'agite convulsivement. Un matelot, armé d'une pelle au fer triangulaire et tranchant, la projette avec autant de force que d'adresse, et la pelle s'enfonce profondément dans cette région du corps de la baleine où sa queue s'attache à son dos. Une artère est coupée; il en jaillit une gerbe de sang aussi grosse que le bras. La mer en rougit. Mais déjà la baleine ne se défend, ne se débat plus que faiblement; sa redoutable queue, paralysée par la blessure que lui a faite la pelle, n'obéit plus à ses efforts; plus elle mollit, plus on la crible de coups mieux assurés. Un suprême frémissement parcourt sa masse convulsive. Sa queue et ses nageoires se roidissent une dernière fois pour se détendre à jamais. Ses mâchoires se desserrent et découvrent l'abîme de sa bouche; elle tourne sur elle-même, son ventre blanchâtre apparaît : elle est morte.

Le capitaine, qui du pont de son navire a suivi toutes les phases de ce combat de deux heures, a manœuvré de manière à se trouver près du lieu où il se termine ; les pirogues n'auront donc pas à remorquer bien loin leur capture.

Ce n'est pas sans difficulté qu'on parvient à allonger le gigantesque cadavre le long des flancs du baleinier et à l'y fixer solidement. Pendant cette opération les fourneaux se sont allumés, en sorte que le dépeçage et la fonte commencent presque à la fois.

Quoique la peau de la baleine soit lisse et glissante comme celle de l'anguille, les matelots se tiennent facilement debout sur son corps, parce que ce corps mou et gras se déprime profondément sous leurs pieds.

Tandis que les uns s'occupent de la récolte des fanons, les autres, avec des coutelas, taillent d'épaisses lanières de graisse qu'on enlève à bord avec un palan terminé par une poulie à crochet.

Mais voilà les requins et les dauphins qui viennent réclamer leur part. Les premiers, voraces et gloutons, mordent partout à belles dents; les seconds n'en veulent qu'à la langue de la baleine, sur laquelle il se jettent avec un acharnement que rien ne rebute.

Plusieurs matelots sont obligés de quitter la besogne pour venir, à grands coups de piques, protéger leur capture. Malgré leur vigilance, leur fer acéré, à chaque instant quelque hardi maraudeur parvient à arracher sous leurs yeux un lambeau de chair saignante.

Comme la mer est belle, et la chaleur du jour tempérée par la fraicheur de la brise, le travail marche vivement, et le capitaine espère finir avant le coucher du soleil, sinon la fonte, du moins le dépeçage.

Son espoir ne sera pas déçu : à la tombée de la nuit, tout ce qui valait la peine d'être pris a été enlevé du cadavre de la baleine. On largue donc les chaînes, qui ne retiennent plus le long du bord qu'une carcasse inutile ; mais si les hommes la dédaignent, les requins en font grand cas, et ils commencent un repas que personne ne songe plus à troubler. La rage et la vigueur avec laquelle ils se taillent, à leur tour, de larges quartiers de chair, imprime à toute la masse de brusques secousses ; elle flotte, tiraillée en tous sens, malgré son poids et son volume. Que de fois un matelot, en voyant ce carnage, a dû sentir un frisson passer dans ses membres, exposés sans cesse à des mâchoires qui peuvent faire osciller le cadavre d'une baleine !

Quand la chasse et la prise d'une baleine s'effectuent ainsi que je viens de les décrire, les baleiniers disent que tout a marché à souhait, et ils sont d'autant plus contents que dans leurs luttes le sort ne les favorise pas toujours également. Le catalogue des accidents de toutes sortes qui peuvent les atteindre lorsqu'ils poursuivent une baleine est si long et si chargé, que le vétéran le plus éprouvé ne le possède jamais tout entier.

Sans parler des accidents exceptionnels, par exemple de celui qu'éprouva en 1802 une pirogue du capitaine Lyons, qui, se trouvant juste au-dessus de la queue d'une baleine qui remontait à la surface de l'eau, fut lancée avec ceux qu'elle contenait à une hauteur de plus de cinq mètres, il en est une foule d'autres qui se reproduisent fréquemment, et qui tantôt font perdre la baleine harponnée, tantôt compromettent gravement la vie des pêcheurs.

Ainsi, quelquefois la baleine harponnée coule à fond et ne reparaît plus; d'autres fois elle fuit en ligne droite ou à une telle profondeur qu'il faut filer la ligne par le bout et l'abandonner.

Qu'un coup de vent s'élève pendant la chasse, les pirogues se trouvent dans

la nécessité de regagner le navire, que
la tempête emmène à cinquante lieues
de la place où la baleine a été piquée.

D'autres fois encore la baleine est
prise; mais le temps se gâte, la mer
grossit : après des efforts inouïs, au
risque de se perdre vingt fois, les pirogues parviennent à la remorquer près
du navire; on l'y fixe par un travail
aussi dangereux qu'opiniâtre.

C'est bien; mais si un de ces terribles
typhons de l'Océan Pacifique vient à
succéder à la bourrasque, il faut, sous
peine d'exposer le bâtiment à une perte
certaine, se débarrasser au plus vite de
la baleine. On enfonce un mâtereau
surmonté d'un petit pavillon dans son
corps, et on l'abandonne au gré des
flots. Grâce à ce pavillon qui s'aperçoit
de loin, on la retrouvera peut-être le
lendemain; mais les dauphins auront
mangé sa langue, et les requins largement entamé ses flancs; son produit
sera presque nul, et ne paiera pas les
avaries qu'on aura faites en voulant

la conserver le long du bord aussi longtemps que cela aura été possible.

Comme on le voit, toute baleine harponnée est loin d'être prise ; et pour la
harponner, et surtout pour l'achever,
que de chances diverses, que de dangers ! Entassés dans une embarcation
étroite et vacillante, à laquelle les
moindres lames impriment de brusques
mouvements de roulis et de tangage,
six hommes, armés d'instruments au
fer excessivement aigu, risquent de se
blesser mutuellement en voulant percer
la baleine ; on a vu ces pelles tranchantes dont j'ai parlé, qui, lancées
contre la baleine, la frappent à faux,
et, par suite d'un coup de queue ou
de nageoire, rebondissent et viennent
retomber au milieu des assaillants. Plus
fréquemment encore les pirogues n'évi-
tent qu'à moitié un coup de queue ou
de nageoire, qui atteint les avirons
d'une pirogue et les arrache des mains
des nageurs blessés par leurs tronçons.
D'autres fois, la seule agitation de la

mer, causée par les convulsions d'une baleine, comble et submerge une embarcation. Les autres pirogues volent bien au secours des hommes à la nage, mais ils ne les recueillent pas toujours, car souvent un requin n'est pas loin.

Enfin, pour conclure par un fait très-extraordinaire, je dirai qu'il n'y a pas plus d'un an une baleine, d'un caractère beaucoup plus audacieux et plus méchant que celui de l'espèce en général, se mit en tête de se venger sur le navire lui-même, et d'en finir d'un coup avec tout l'équipage. Dans ce but, elle prit son élan, et porta au navire un choc si violent qu'elle le fracassa, et que le capitaine dut l'abandonner deux jours après. C'est le second exemple d'une pareille catastrophe.

Déjà, en 1820, le baleinier américain l'*Essex* avait été attaqué par une baleine. Le navire courait sous toutes voiles; la baleine vint à sa rencontre. Les deux masses se choquèrent; malgré son impulsion en avant, le navire

recula, et dans son mouvement rétro-
grade produisit une vague si haute
qu'elle défonça l'arrière du bâtiment,
l'inonda et le coucha sur le côté. L'équipage n'eut que le temps de se jeter dans
ses canots; le navire était perdu.

II

PÊCHE AU CACHALOT.

Le cachalot, moins grand que la
baleine, la surpasse de beaucoup en
agilité. Ses mouvements sont vifs,
impétueux, d'une brusquerie et d'une
souplesse dont on ne croirait jamais
capable une pareille masse.

Le cachalot diffère principalement
de la baleine par l'organisation de sa
tête. Sa bouche n'est point garnie de
fanons; mais sa mâchoire inférieure

est armée de dents dont les plus grosses
pèsent un kilogramme, et qui s'encas-
trent dans des cavités correspondantes
qu'offre la mâchoire supérieure.

La tête énorme du cachalot renferme,
sous la voûte du crâne, une espèce de
grand réservoir cylindrique, divisé en
deux étages, où l'on trouve, répartie
dans des cellules ayant une certaine
analogie avec celles des ruches, la
substance connue sous la désignation
vulgaire de blanc de baleine, mais
dont le véritable nom est *cétine* (1). On

(1) La *cétine* est la matière première des bougies dia-
phanes, qui constituent l'éclairage le plus brillant et le
plus commode que nous connaissions. La cire qui tombe
d'une bougie diaphane a la double propriété de ne pas
brûler les doigts et de ne pas tacher l'étoffe sur laquelle
elle coule. Il ne faut pas confondre avec les bougies dia-
phanes en cétine les bougies stéariques, si communes
aujourd'hui, et dont la base est du suif purifié par des
procédés récemment découverts.

La cétine n'est pas sans emploi en médecine ; elle sert
de plus à la fabrication des perles fausses, et entre dans
la composition des apprêts destinés à certaines étoffes.
Comme elle est plus blanche que la cire et qu'elle ne
jaunit pas, on l'emploie au moulage des pièces anato-
miques, etc.

retire d'un seul cachalot de moyenne taille environ trente barils de cétine, contenant chacun cinquante litres.

Autant les mœurs de la baleine sont douces, autant celles du cachalot sont féroces. Aussi hardi qu'agile et bien armé, il ravage les mers qu'il habite, attaquant indistinctement, qu'il ait faim ou non, tous les animaux qu'il rencontre. Ce qui le prouve, c'est que les cachalotiers repêchent souvent, dans les parages fréquentés par les cachalots, des cadavres entiers de phoques et de dugons n'ayant d'autres blessures que celles qui les ont tués.

Il résulte de ce qui précède que, si la capture d'un cachalot est très-lucrative, à cause de la qualité supérieure de son huile qui rachète son peu d'abondance, et à cause de la haute valeur commerciale de la cétine, cette capture offre de bien plus grands dangers que celle d'une baleine.

Les Américains se sont livrés les premiers à la pêche du cachalot, et jusqu'ici ils ont trouvé peu d'imitateurs. Près de deux cents de leurs navires sont continuellement occupés à cette pêche dans la partie équatoriale du grand Océan, autour des Moluques, de Timor, des Célèbes et des côtes septentrionales de l'Australie. Le cachalot ne s'écarte qu'accidentellement des mers profondes, et vit par bandes nombreuses. Il est très-abondant dans certains parages, où la seule difficulté est de l'approcher et de le tuer.

Le matériel d'un cachalotier est à peu de chose près celui du baleinier, plus les caisses en cuivre étamé pour recueillir et conserver la cétine.

Quant à la pêche elle-même, on emploie des pirogues extrêmement légères. Le harponnage du cachalot exige beaucoup plus de sang-froid, de force et d'adresse que celui de la baleine, en raison de l'agilité de l'animal et des efforts qu'il fait pour se défendre et même pour couler les embarcations qui l'attaquent.

IV

PÊCHE DE LA MORUE.

La morue est un poisson dont la taille varie, probablement suivant l'âge, entre cinquante centimètres et un mètre et demi, et le poids depuis quatre jusqu'à vingt-cinq kilogrammes.

Mais ce qui peut mieux donner une idée exacte de la taille ordinaire des morues, ce sont les usages adoptés dans les ports de pêche pour leur classement. Ainsi, à Nantes, on divise en trois classes les morues préparées. La première se compose des morues dont un cent pèse quatre cent cinquante kilos; la seconde, de celles qui pèsent trois cents kilos; et la troisième classe, de celles dont le poids n'atteint pas ce dernier chiffre. En supposant que la préparation fasse perdre aux morues la moitié de leur poids, on se représente assez exactement le volume courant de ce poisson.

Quant à ses formes extérieures, la morue a la tête grosse, et la bouche susceptible d'une grande dilatation; son dos, au lieu d'être bombé comme celui de presque tous les poissons, offre une ligne concave très-prononcée. Cette dépression dorsale suffira toujours pour la faire reconnaître au premier coup d'œil.

La fécondité de la morue passe tout ce qu'on pourrait imaginer, puisqu'un savant distingué, qui a eu la patience de compter les œufs renfermés dans le corps d'une femelle de taille ordinaire, en a trouvé 9,384,000 dans les conditions requises pour éclore. Sans la guerre d'extermination que font à la morue l'homme et les poissons, celle-ci en peu d'années remplirait toutes les mers.

La gloutonnerie de la morue égale peut-être sa fécondité. Les pêcheurs disent qu'elle avale tout ce qu'elle voit, et surtout tout ce qui tombe dans l'eau. Ce qui est positif, c'est que dans certains moments ils ne se donnent pas la peine d'appâter leurs hains, et que les morues s'y prennent de même. Avec un poisson aussi vorace et aussi peu difficile, le hain est évidemment le mode de pêche le plus convenable et le plus sûr.

Le rendez-vous général des morues qui habitent les mers polaires, mais que la famine en chasse tous les ans, est le grand banc de Terre-Neuve, espèce de vaste plateau sous-marin, long de huit cents kilomètres environ sur une largeur moyenne de cent kilomètres, et qui s'étend entre le 40° et le 50° degré de latitude nord au large de l'île de Terre-Neuve. Ce banc, où d'innombrables légions de morues arrivent vers le 25 avril, devient dès ce moment le théâtre animé d'une pêche dont les produits s'élèvent, bon an mal an, pour la France seule, à la somme de sept millions de francs.

Les ports du littoral français pour lesquels la pêche de la morue constitue une industrie importante, sont : Dunkerque, La Rochelle, Granville, Saint-Malo ; puis Dieppe, Saint-Servan et Fécamp. Les armements de ces trois derniers sont beaucoup moins considérables que ceux des premiers.

Les navires employés à la pêche de la morue jaugent de soixante à deux cents tonneaux. Comme la pêche exige le concours d'un grand nombre de bras, l'équipage d'un *terre-neuvier* est quatre fois plus fort que celui d'un bâtiment de commerce du même tonnage. Tous les navires expédiés à Terre-Neuve devraient être d'une construction extrêmement solide ; car sur le banc la mer est ordinairement dure, les coups de vent très-fréquents, et il y règne des brumes épaisses qui exposent les navires à des abordages difficiles à éviter.

Ces brumes *à couper au couteau*, disent les marins, sont, sous un autre rapport, la cause de nombreux sinistres. Très-souvent les forts canots que chaque terre-neuvier expédie pour pêcher à une certaine distance, se trouvent surpris par la brume, et par conséquent dans l'impossibilité de se diriger vers leur bord. Si la mer reste maniable, ils peuvent en être quittes pour errer plus ou moins longtemps au hasard; mais si le temps devient mauvais, il est bien difficile qu'ils résistent avec un simple canot à la fureur des lames. Pendant la brume, ils courent également ment le risque d'être coulés par un navire qu'ils n'aperçoivent que quand il est sur eux.

Les morues, ainsi que je l'ai dit, se pêchent soit avec une ligne tenue à la main, soit avec des cordées.

Dans le premier cas, un homme est chargé de veiller sur deux lignes. Ces lignes sont en chanvre de premier choix, grosses comme un fort tuyau de

plume, longues de soixante mètres environ, garnies d'un plomb de deux à
trois kilos, et de plusieurs hains fixés
à des empiles d'une grande solidité.
Quand la morue *donne*, le pêcheur est
continuellement occupé à lever ces
lignes, parce qu'il y a toujours une
morue de crochée à la seconde ligne,
avant qu'il ait eu le temps de remettre
la première à la mer. On a vu un seul
homme prendre ainsi jusqu'à quatre
cents morues en un seul jour : aussi le
principal mérite consiste-t-il à lever
lestement une ligne, à ne pas l'em-
brouiller, et surtout à être pourvu de
bras infatigables.

Dans le second cas, les pêcheurs
tendent le soir de longues cordées
armées de plusieurs centaines de hains.
A chaque extrémité de la cordée est
attachée une petite ancre qui la maintient en place. On lève ces deux ancres
le lendemain matin, au moyen d'un
cordage de force et de longueur suffi-
santes, qui est frappé sur chacune

d'elles et vient aboutir à une bouée de liége surmontée d'un petit pavillon, pour être retrouvée plus aisément.

Quoique l'appât le plus convenable, le plus sûr pour la morue, soit un petit poisson nommé capelan, qui abonde sur les côtes de Terre-Neuve, les pêcheurs emploient, à son défaut, des lanières de toute espèce de poisson, et jusqu'aux entrailles des morues elles-mêmes. Un petit morceau de drap rouge accroché à un hain suffit à la rigueur.

CHAPITRE II

—

PÊCHE COTIÈRE

I. Bateaux employés à cette pêche. — II. Engins divers.

—◇—

I

BATEAUX.

Le tonnage, la construction et le grécment des bateaux de pêche varient suivant l'état habituel de la mer dans les parages qu'ils fréquentent, suivant la longueur de leurs excursions journalières, suivant le nombre de bras qu'exige la manœuvre de l'engin employé ; et de plus dans chaque circonscription maritime, dans chaque port même, les pêcheurs conservent de temps immémorial certaines formes, certains gréements particuliers auxquels ils tiennent comme à leur costume, à leurs meubles et à leurs habitations. Les immenses progrès qu'a faits l'art de la navigation, au point de vue de l'équipement des navires, ne les ont pas trouvés rebelles ; tout en les adoptant peu à peu, ils les ont appliqués à leurs bateaux de manière à conserver à ceux-ci leur physionomie traditionnelle. Il en résulte qu'il est impossible à un œil un peu exercé de ne pas reconnaître à première vue, en apercevant un bateau pêcheur, à quel port il appartient et à quelle espèce de pêche il se livre.

En général les bateaux de pêche sont au-dessous de trente tonneaux, pour éviter de payer certains droits de navi-

gation dont les navires au-dessous de
ce tonnage sont exempts. Il faut dire à
la louange des autorités maritimes
qu'elles sont assez faciles sur ce point
quand il s'agit de bateaux de pêche ;
car beaucoup qui sont déclarés jau-
geant vingt-neuf tonneaux cinq ou six
dixièmes, sont en réalité plus près de
quarante tonneaux que de trente. Au
fond ce n'est que justice de ne pas mar-
chander le mètre que les pêcheurs
donnent de plus à leur bateau, uniquement afin qu'il résiste mieux à la mer
dont il affronte toutes les colères.

La construction des bateaux de pêche,
épaisse, courte et trapue, n'est rien
moins que gracieuse. On voit que le
charpentier a tout sacrifié au but principal, celui de leur donner une grande
résistance à l'action des lames et aux
fatigues d'un échouage. Cependant,
grâce à une voilure bien entendue, ces
bateaux marchent habituellement beaucoup mieux qu'on ne l'imaginerait
quand on les voit dans le port.

Mais ce qui étonne, même les capitaines des grands navires, c'est la manière admirable dont ces méchants sabots, comme ils les appellent, se conduisent à la mer. Ils sont presque toujours dehors ; il s'élève donc rarement une tempête sans qu'ils aient à compter avec elle, et ils se tirent de tel mauvais pas où plus d'un grand bâtiment laisserait ses planches.

Quant à leur gréement, malgré sa diversité il peut se ramener à trois grandes divisions : celles des sloupes, des chasse-marée et des lougres ; sauf les bateaux de pêche de la baie de Bourg-Neuf, nommés *chattes*, et dont la construction et la voilure méritent, par leur singularité, d'être classées à part.

Pour commencer par le nord, les bateaux de pêche de Boulogne, malgré leur fort tonnage, sont gréés comme on grée ordinairement les plus petits canots. Ils n'ont qu'un mât planté tout à fait à l'avant, et qui porte une im-

mense misaine, dont l'écoute se borde
à l'extrème arrière. Un tape-cul complète ce gréement, dont la simplicité
et la facilité qu'il offre pour virer de
bord dans un très-petit espace constituent le principal mérite. La voilure
d'un boulonnais, vu au travers du petit
bout d'une lunette, est celle de la plupart des canots que les amateurs dirigent
à Paris sur la Seine.

Dieppe emploie des sloupes à tape-
cul, et son faubourg le Pollet, de
véritables lougres, qu'on ne retrouve
plus ailleurs que dans la marine de
l'État.

Étretat a des espèces de chasse-marée
à fond plat, d'où leur nom de plates ;
mauvais bateaux, forcément adoptés
parce que, faute de port pour les re-
cevoir, ils doivent être halés sur le
rivage.

A Trouville, on revoit des sloupes,
plus fins que ceux de Dieppe, plus largement voilés, et de formes qui attestent
le voisinage du Havre, si renommé

pour la beauté et la solidité de ses constructions navales.

Sur les côtes de Bretagne, les bateaux pêcheurs sont presque tous de petits chasse-marée à cul rond, aux voiles rouges, parce qu'elles ont été tannées et teintes avec du roucou.

Dans la baie de Noirmoutiers, nous trouvons les *chattes*, qui méritent, ai-je dit, une mention spéciale.

Ces bateaux, à fond presque plat et excessivement forts en bois, n'ont, à proprement parler, ni avant ni arrière, puisqu'ils sont pourvus d'un gouvernail aux deux bouts. Leur gréement se compose de trois voiles portées par trois mâts, dont l'un occupe le centre du bâtiment, et les deux autres, pareils, chaque extrémité. Ces bateaux ne virent pas de bord ; quand ils veulent changer de route, leurs voiles restent du côté des mâts où elles se trouvent ; l'arrière du bateau devient son avant, et réciproquement. Le gouvernail qui servait à diriger le bateau pendant la première bordée reste fixe et devient taille-mer ; tandis que l'autre gouvernail, qui dans cette même bordée faisait fonction de taille-mer, dirige la seconde bordée. Il résulte de cette installation que le navire le plus fin voilier parviendrait très-difficilement à atteindre une chatte, à cause de la promptitude avec laquelle celle-ci pourrait changer d'allure, et forcer ainsi son ennemi à des virements de bord répétés qui retarderaient considérablement sa marche.

Depuis Noirmoutiers jusqu'aux Pyrénées, le chasse-marée à deux voiles (sans foc ni tape-cul), et une espèce de bot, sont le plus généralement employés. Les bateaux du premier genre, qu'on rencontre entre la Rochelle et l'embouchure de la Gironde, sont peut-être les meilleures embarcations de pêche qu'il y ait au monde. Elles résistent bien à la mer, sont d'une rapidité exceptionnelle, se manient avec facilité, s'élèvent dans le vent et le tiennent de manière à permettre à ceux qui les montent de s'engager au milieu des rochers et des bancs de sable, et de suivre les passes les plus étroites.

Dans la Méditerranée, les bateaux de pèche ont une physionomie tout autre que ceux de l'Océan. Coque et voilure diffèrent également; cette dernière se compose le plus souvent de deux voiles triangulaires et à antennes. Ce sont en général d'assez pauvres embarcations, qui feraient une triste figure si elles étaient aux prises avec l'Océan.

II

ENGINS DIVERS.

Les divers engins qui servent à la pêche côtière, si l'on en jugeait par le vocabulaire des pêcheurs, seraient tellement nombreux que leur simple nomenclature exigerait plusieurs feuillets de ce livre. Mais, en y regardant de près, il est facile de s'apercevoir que cette interminable kyrielle de désignations spéciales offre une complication plus apparente que réelle, parce qu'il y a souvent quinze à vingt noms pour exprimer toutes les modifications, si légères qu'elles puissent être, apportées soit dans la forme ou la grandeur de chaque engin, soit dans la manière de s'en servir.

Il me suffira donc, pour donner une idée générale de tous ces engins, de décrire le type générateur de chaque série, et ces types se réduisent en définitive à cinq.

Les *sennes*. Dans la partie de la pêche fluviale je me suis occupé des sennes; celles qu'on emploie en mer sont construites et manœuvrées d'après les mêmes principes. Elles sont principalement usitées aux embouchures des canaux, fleuves et rivières qui se jettent dans la mer. Quelquefois deux bateaux, tenant chacun une de leurs extrémités, les traînent à une certaine distance des côtes dans les rades et les baies peu profondes.

Les *manets*. Ce qui caractérise ce filet, c'est que le poisson s'y prend en engageant sa tête dans les mailles pour les traverser. Comme son corps est plus gros que sa tête, il ne peut franchir l'étroit passage. Alors il essaie de reculer; mais ses ouïes, rencontrant la ficelle qui constituent la maille, l'em-

pêchent également d'exécuter ce mouvement ; il reste donc pris dans un
véritable piége.

Une des conditions indispensables de
la pêche aux manets, c'est que leurs
mailles soient proportionnées à la taille
du poisson dont on veut s'emparer. Il
en résulte qu'avec cet engin on ne
prend qu'une seule espèce de poisson,
celle à laquelle il est destiné.

La forme des manets est celle d'une
nappe ; leur taille est de deux à trois
mètres de largeur sur environ soixante
mètres de longueur. Presque toujours,
pour pêcher, on réunit plusieurs manets
ensemble, en les laçant les uns au bout
des autres ; dans ce cas-là, chaque
manet prend le nom de *pièce*, et leur
réunion celui de *tessure*.

Le principal usage du manet est la
pêche aux harengs. Pour cette pêche
on forme quelquefois des tessures ayant
plus de deux mille mètres de longueur.
Des bateaux les tendent de manière
que la tête de la tessure, soutenue par

des bouées, reste à fleur d'eau, tandis que son pied, légèrement plombé et entraîné par la marée, flotte entre deux eaux à un mètre en arrière de la tête. La conséquence des positions respectives de la tête et du pied du filet, c'est que celui-ci se tient diagonalement dans la mer.

Quand une colonne de harengs vient donner dans une de ces immenses nappes inclinées qui leur barre le passage, ceux qui se trouvent à la tête de la colonne, pressés par ceux qui les suivent, loin de se détourner pour éviter l'obstacle, s'évertuent à le traverser et se maillent par milliers. Les autres, au lieu de plonger à quelques mètres pour éviter le filet, se rapprochent de la surface de la mer, longent la tessure à droite et à gauche, tentant le passage par chaque maille qui s'offre à eux. Le filet se garnit ainsi d'un bout à l'autre ; et lorsqu'on le retire par un beau soleil, tous ces harengs au corps blanc et nacré font de la tessure, à une certaine distance, comme un tapis d'argent où miroitent toutes les couleurs de l'arc-en-ciel.

Les harengs ne voyagent qu'en masses serrées, nommées bancs ; leur pêche est donc ou très-abondante ou nulle. Deux tessures, tendues à quatre kilomètres l'une de l'autre, ont souvent des chances très-diverses. Tandis que l'une se remplit à crever, l'autre ne reçoit pas un seul hareng.

L'habileté avec laquelle une flottille de pêcheurs dispose, manœuvre, et rentre ses tessures malgré leur taille gigantesque, est un sujet de profond étonnement pour tous les spectateurs qui ont assisté à cette pêche. Ils ne peuvent comprendre comment, au milieu de leurs évolutions, les bateaux calculent et conservent assez bien leurs distances pour ne pas emmêler des engins dont ils n'aperçoivent pas le bout.

On prend également aux manets des sardines, des mulets, des colins, etc.

Chacun de ces manets, destiné à une espèce de poisson, a un nom particulier ; mais c'est toujours le même filet, agissant de la même manière, et dont la maille seule est plus grande ou plus petite.

Folles. Les folles diffèrent des manets en ce que les poissons ne s'y maillent pas. Les folles se tendent verticalement à toutes profondeurs, depuis cinq à six brasses jusqu'à cinquante brasses et plus. Leur pied, fortement plombé, tient le fond, et leur tête, garnie de liéges, flotte balancée par les eaux. Des ancres maintiennent le filet dans cette position. C'est donc une espèce de barrière sous-marine, arrêtant les poissons qui voudraient passer outre. Destinées uniquement à prendre des poissons plats, tels que les turbots, les barbues, les soles, les raies, les limandes, etc., qui tiennent opiniâtrément le fond, et ne le quittent même pas pour éviter un danger, il n'est pas nécessaire de donner aux folles plus

de deux mètres de chute (de hau—
teur).

Les poissons plats, en voulant franchir le filet mollement tendu, cherchent
à le repousser, et finissent, après de
longs efforts, par s'y entortiller si
bien, qu'il leur devient impossible de
s'en dégager.

La contexture des fils formant les
folles est calculée pour obtenir plus
sûrement ce résultat.

Dragues. On peut ramener dans la
classe des dragues tous les filets qui
forment une poche, un grand sac, dont
la gueule est maintenue béante au
moyen d'une armature rigide. Il y a
des dragues de toute forme, de toute
taille.

Dans le chapitre des pêches spé—
ciales, je passerai forcément en revue
les plus employées ; mais il en est une
qui, au dire des pêcheurs polletais, n'a
pu être inventée que par le diable, et
qui mérite quelques détails : je veux
parler du *chalut*.

Qu'on se figure une pièce de bois de huit mètres de long, grosse comme la jambe. Chacune de ses extrémités est encastrée dans la douille dont est pourvue une armature nommée *chandelier,* et qui consiste en quatre fortes barres de fer ajustées ensemble à peu près à angle droit.

Par l'effet de cette armature, la pièce de bois ne touche pas au sol, mais se trouve maintenue par les chandeliers à une hauteur de soixante centimètres environ.

A cette pièce de bois s'attache la moitié supérieure de la gueule d'une longue poche en filet, tandis que la moitié inférieure de cette même gueule est garnie d'une lourde chaîne en fer, du poids de soixante à soixante-dix kilos, dont les deux bouts vont rejoindre les *chandeliers.*

Lorsqu'on traîne rapidement au fond de la mer cette machine diabolique, la gueule du chalut, maintenue béante et par la pièce de bois qui forme

sa mâchoire supérieure et par le poids
de la chaîne de fer qui forme sa mâchoire inférieure, et qui racle le fond,
cette gueule engloutit tout ce qu'elle
rencontre sur son passage, et tout cela
va se loger au bout de la poche, dont
la profondeur est d'environ dix mètres.

Quand les bateaux chalutiers veulent
se livrer à la pêche, ils laissent tomber
leur chalut attaché à un câble de cent
brasses, et, orientant leurs voiles de
manière à obtenir le maximum d'effet,
ils se laissent dériver de travers, c'est-
à-dire présentant le flanc au vent qui
les drosse. Pendant quatre à six heures
ils traînent ainsi leur appareil, qui,
par son énorme poids et la rapidité de
sa course, laboure le fond de la mer :
herbes, poissons, blocs de pierre, débris de toute espèce, entrent pêle-mêle
dans le filet. Là où il passe, il fait place
nette. Malheur au patron du bateau,
s'il n'a pas bien dans sa tête la carte
du fond sur lequel il travaille, et s'il
va chaluter sur des plages sous-marines

semées de rochers ; son appareil ne tarde pas à s'accrocher, et quand une rude secousse l'en avertit, c'est que le câble vient de se rompre et que son chalut est perdu. Ce qui alors peut lui arriver de plus heureux, c'est que le câble ait manqué près du filet, parce qu'il en sauve la plus grande partie. Ce câble seul vaut trois cents francs.

Pour se faire une idée de la puissance du chalut, il faut avoir vu rentrer des bateaux de Dieppe rapportant des blocs de pierre de plusieurs milliers de kilogrammes, qu'ils avaient ramenés du fond de la mer jusqu'à fleur d'eau, sans pouvoir ni les embarquer ni les jeter hors de leur engin.

En général, parmi les poissons pris au chalut, il en est une bonne moitié qui, meurtris, écrasés, ont perdu une grande partie de leur valeur vénale, et doivent être consommés tout de suite. Avec un peu d'habitude, on reconnaît au premier coup d'œil le *poisson*

de chalut; il a quelque chose de terne,
de fatigué, que n'a pas celui qui a été
pris avec des hains ou des folles.

Ainsi, non-seulement le chalut est
un engin dont les produits sont défec-
tueux; mais c'est un engin destructeur,
et l'on attribue avec beaucoup de
raison, je pense, le dépeuplement de
nos côtes à son emploi. En effet, il
bouleverse les fonds, arrachant les
herbes marines, et nivelant les petites
aspérités où s'abritent le frai et les
poissons qui fraient. Enfin, son passage
bruyant, rapide et souvent répété,
épouvante les poissons et les force pour
ainsi dire à émigrer.

Le chalut a été tour à tour permis et
prohibé par les lois sur la pêche maritime. Aujourd'hui, il est toléré avec de
nombreuses restrictions ; une, entre
autres, défend au chalutier d'opérer
près du littoral. Mais il est très-difficile de faire exécuter ces mesures
conservatrices, et elles sont journellement bravées.

La pêche au hain s'appelle pêche au *libouret*, lorsque les lignes auxquelles ces hains sont attachés restent fixes à la place où on les a tendues, et pêche à la *balle* dans le cas opposé.

Il y a vingt manières différentes de tendre des lignes fixes, qui, sauf leur force et la grosseur des hains, se posent comme les lignes de fond employées en eau douce et agissent de même. Ce sont donc de véritables cordées, depuis les plus grandes dimensions jusqu'aux plus petites, que l'on tend convenablement appâtées, soit au large, soit près du rivage, partout enfin où l'on croit prendre du poisson. Seulement je ferai remarquer que les hains destinés à séjourner dans l'eau salée sont étamés, dans le but d'être préservés de la rouille, qui détruirait promptement les hains en acier nu.

Très-souvent on profite du flux et du reflux de la mer pour tendre des cordées à marée basse, aussi loin qu'on peut aller à pied. La mer, en montant,

les couvre de trois à quatre mètres
d'eau, et l'on va les relever quand la
mer s'est de nouveau retirée. Sans les
crabes, cette pêche, commode, facile,
à la portée de tout le monde, puisqu'elle ne nécessite ni canot, ni grands
préparatifs, ni appareils dispendieux
ou d'un transport gênant, serait aussi
amusante que fructueuse. Mais la voracité des crabes expose les amateurs de
cette pêche à tant de désagréments,
qu'ils finissent bientôt par s'en dé-
goûter.

En effet, et j'en parle par expérience,
on n'a pas fini de tendre ses lignes que
les crabes sont déjà à l'ouvrage autour
des appâts, qu'ils rongent et arrachent
par petits morceaux, et sans se piquer
au hain. Encore s'ils se contentaient de
prendre l'appât; mais comme celui-ci,
attaché au hain, vacille avec lui au
bout de l'empile, ce qui gêne, à ce
qu'il paraît, le crabe dans son opération, il saisit l'empile avec une de ses
pinces pour maintenir l'appât à sa

portée. Or les pinces du crabe sont coupantes, et l'empile ainsi déchiquetée se trouve bientôt hors de service.

J'ai mis en œuvre une foule d'inventions pour me soustraire aux exactions des crabes. La meilleure est, je crois, celle-ci. Au lieu de tendre ses cordées en les amarrant par les deux bouts à de lourdes pierres, on plante des piquets en terre à une distance correspondante à la longueur de la cordée, dont on fixe chaque extrémité à la tête de ces mêmes piquets, qui dépasse le niveau du sol de cinquante centimètres environ. Comme, malgré cet expédient, les empiles auxquelles sont attachées les hains traîneraient sur le sable, on arme chaque empile, à vingt centimètres du hain, d'un morceau de liége capable de faire flotter cette empile et sa charge.

L'appât, ainsi suspendu entre deux eaux, est moins exposé aux crabes, qui se promènent et rôdent plutôt qu'ils ne nagent. Mais par ce procédé on évite assez souvent Scylla pour tomber dans Charybde ; car si la marée montante amène du goëmon et des fucus, ces herbes longues, coriaces et enchevêtrées, se prennent aux hains au lieu des poissons que l'on convoite ; et la cordée, chargée d'un paquet d'herbes qui s'accroît sans cesse, et dont le volume offre une énorme prise aux flots et au courant, finit toujours par être arrachée ou brisée. Quand le lendemain matin, à marée basse, on vient recueillir le fruit de ses peines, on retrouve bien ses piquets ; mais la ligne, où est-elle ? En cherchant bien on aperçoit sur la grève, parmi les épaves accumulées au pied d'un rocher, une espèce de botte de plantes marines et de bouts de corde, le tout si artistement mêlé et si libéralement orné de nœuds, de boucles et de tortillons, qu'après avoir tourné et retourné cet inextricable brouillamini, non sans s'être piqué les doigts à la pointe cachée d'un hain, on prend tristement son couteau, et l'on se console en taillant dans la masse un certain nombre de morceaux de ficelle, et en recueillant la moitié de ses hains. Puis on rentre chez soi, en ayant grand soin d'éviter la rencontre des bavards et des indiscrets, auxquels pourrait venir l'idée malencontreuse de vous demander des nouvelles de vos opérations.

On prend au libouret toute espèce de poissons ronds et plats, depuis les merlans longs comme la main jusqu'aux raies de cinquante kilos.

La pêche à la *balle*. Les cordées dont on se sert pour pêcher à la balle, longues depuis cinquante jusqu'à cent mètres, sont terminées par un plomb du poids de deux à cinq kilos. A ces cordées sont attachées un certain nombre de courtes et minces baguettes de houx-frelon (1) qui portent les

______

(1) Le houx-frelon est un petit arbrisseau aux feuilles piquantes, aux fruits rouges, qu'on trouve dans les forêts. Ses branches sont coriaces et presque aussi résistantes que la baleine.

empiles. L'objet de ces baguettes est d'éloigner les empiles et leurs hains de la maîtresse corde, à laquelle ils s'entortilleraient sans cette précaution.

On ne pêche à la balle que dans une embarcation et pendant qu'elle est sous voile.

Voici comment. On file la ligne garnie de son plomb, de ses empiles et de ses hains appâtés. Si le canot était immobile, la ligne, entraînée par le poids du plomb, descendrait perpendiculairement dans la mer; mais le canot marche, et, par l'effet de cette marche, la ligne prend une position diagonale, qui deviendrait presque horizontale si la brise, en fraîchissant, accélérait notablement la vitesse du canot. Quand cette circonstance se présente, il faut ou augmenter le poids du plomb pour le forcer à plonger davantage, ou diminuer de voiles; car la véritable position de la ligne est celle où elle forme avec la quille de

l'embarcation un angle de soixante-
cinq degrés.

Ordinairement on tend ainsi trois
cordées à la fois : une tribord, une
bâbord et une à l'arrière. L'homme
qui est à la barre doit gouverner avec
une extrême précision ; car si le canot
venait à décrire le moindre zigzag, la
triple queue de lignes qu'il traîne
après lui s'embrouillerait sur — le —
champ, ce qui gâterait complétement
la besogne.

Le maquereau est le poisson qu'on
prend le plus communément ainsi. De
toutes les pêches de mer, *traîner la balle*
est, à mon avis, la plus gaie, la plus
amusante. C'est la véritable pêche des
amateurs, parce que, même quand le
maquereau ne donne pas, on en est
dédommagé par le plaisir d'une promenade qu'on dirige où l'on veut,
qu'on prolonge, qu'on raccourcit sans
obstacle (1), d'une promenade pour

____

(1) Il n'en est pas de même quand on tend au large

laquelle, par conséquent, on peut toujours embarquer les profanes tentés de faire une excursion maritime.

des cordées fixes, longues à placer et plus longues encore à relever. Une fois tendues, il faut les abandonner si l'estomac de vos passagers, ou toute autre cause, vous fait un devoir de gagner le port au plus vite.

CHAPITRE III

DE QUELQUES PÊCHES PARTICULIÈRES.

I. Pêche à la main dans l'Océanie. — II. Pêches aux Moules.—Aux Crustacés.—Aux Huîtres.—Aux Huîtres perlières. — Aux Crevettes. — III. Parcs et Pêcheries.

I

PÊCHE A LA MAIN DANS L'OCÉANIE.

Tandis que nous autres civilisés nous ne savons pêcher qu'armés d'un des nombreux engins, plus ou moins compliqués, que je viens de décrire, le pauvre habitant de la plupart des îles de l'Océanie, quand l'envie lui prend de dîner avec un poisson, un mollusque ou un crustacé, quitte son léger vêtement, s'il en a un, monte sur un rocher qui surplombe au-dessus de l'eau, donne une tête, disparaît sous la vague, et remonte bientôt tenant dans chaque main le menu de son repas. « On croirait vraiment, me disait un jour un officier de marine, compagnon de Dumont-d'Urville, qu'il y a pour eux, là-bas au fond, un marché toujours bien approvisionné, où il suffit de se présenter pour être servi. »

Tous les voyageurs qui ont fréquenté ces parages sont unanimes pour raconter des faits de ce genre dont ils ont été journellement témoins. Hommes, femmes et enfants de ces îles paraissent aussi peu embarrassés en mer que sur terre ; ils nagent et plongent comme ils marchent.

Dans la Tasmanie, ce sont les femmes qui sont chargées de pêcher le poisson destiné à la nourriture de leur famille, et elles ne s'y prennent le plus souvent que quelques minutes avant l'instant du repas. Elles préparent le feu sur le rivage avant de se mettre à l'eau, et trouvent ainsi de la braise allumée pour se sécher et cuire le poisson qu'elles rapportent.

II

PÊCHE AUX MOULES.

Dans le vieux monde, on ne pêche habituellement à la main que les moules ; pêche moins difficile que la cueillette des fraises dans les bois, puisque des millions de moules serrées les unes contre les autres forment une espèce de croûte compacte autour des rochers que la marée couvre et découvre. Les meilleures sont toujours

celles qui se trouvent le plus fréquem—
ment et le plus longtemps sous l'eau ;
il faut donc les aller chercher à mer
basse et le plus avant possible.
Ramassées à l'époque des grandes
marées, quand la mer se retire beaucoup, elles sont par conséquent plus
grasses et plus délicates que si on les
pêche pendant la morte-eau.

PÊCHE AUX CRUSTACÉS.

J'ai déjà dit quelques mots de la
nombreuse tribu des crabes, de ces
maraudeurs voraces et carnassiers qui
pullulent sur les rivages de la mer,
toujours affamés, toujours en quête de
chair vivante, morte ou corrompue.
Tous les crabes peuvent être mangés ;
mais on ne fait cas que de quelques
espèces, généralement des plus grosses.

On pêche les crabes de beaucoup de

manières. Les enfants les prennent à la course, sous les pierres, dans les trous, dans les fentes des rochers, d'où ils les délogent avec une tige de fer terminée par un crochet. Par ce procédé, tout à fait élémentaire, on prend rarement des crabes de forte taille; car ceux-ci ne s'aventurent pas aussi loin de la mer que leurs cadets. Mais la voracité des gros rend leur capture facile. On les pêche au moyen de paniers ayant la forme d'une mue à poulets, mais munis d'un fond et percés d'une seule ouverture en entonnoir, se terminant par des osiers piquants. Les crustacés entrent librement dans le panier en suivant le col de l'entonnoir, parce que les baguettes d'osier qui le composent s'écartent sous l'effort qu'ils font pour avancer. Une fois entrés, les crabes retrouvent difficilement le passage, qui s'est refermé derrière eux par l'effet de l'élasticité des brins d'osier.

Avec ces paniers, véritables nasses agissant comme celles dont il a été question pour les pêches d'eau douce, on prend non-seulement des crabes, mais des homards, des langoustes et jusqu'à des crevettes. On attire tous ces voraces en plaçant au fond du piége de la chair, des entrailles, des débris de poissons, etc.

Il y a plusieurs manières de se servir de ces engins. Tantôt on les dispose à mer basse dans les parages les plus fréquentés par les crustacés ; on les attache solidement, et l'on vient les visiter à la marée suivante. Tantôt, après les avoir lestés de lourdes pierres, on les coule à une certaine distance du rivage ; une corde, terminée par une flotte de liége, sert à la fois à indiquer leur place et à les retirer du fond de l'eau.

PÊCHE AUX HUITRES.

Les huîtres, dont la pêche occupe un nombre considérable d'hommes et de bateaux, et dont le transport et la vente constituent un courant d'affaires d'une importance réelle (1), vivent, comme les moules, attachées au rocher sur lequel elles sont nées. Ouvrir et fermer leur coquille est le seul mouvement dont elles sont capables.

Dans quelques localités, on ramasse les huîtres à mer basse, comme cela se pratique pour les moules. Mais ces huîtres sont presque toujours de qualité inférieure et très—clair—semées. Celles qu'on trouve ainsi sur les côtes

(1) Il arrive, à Paris seulement, de soixante à quatre-vingts millions d'huîtres par an. La vente en gros de ces huîtres produit en moyenne un million cinq cent mille francs.

de l'île de Noirmoutiers, en face de *la Bernerie*, font néanmoins exception à cette règle. A l'époque des grandes marées on en prend beaucoup, et elles sont assez bonnes.

La baie de Cancale, située sur les côtes de la Bretagne, entre Saint-Malo et le mont Saint-Michel, fournit à elle seule plus d'huîtres que le reste des côtes de la France entière.

On se sert, pour les détacher et les ramasser tout à la fois, d'un instrument qui se compose d'une poche en lanière de cuir, maintenue ouverte par une armature en fer, et d'un racloir. Cet instrument se manœuvre et opère comme le chalut ; à mesure qu'on le traîne sur les rochers, le racloir détache les huîtres, qui sont entraînées dans le sac. Cet engin, nommé drague, ne pèse que huit à dix kilos, et se manœuvre à la main.

Les huîtres ne se consomment pas aussitôt qu'elles ont été pêchées ; on les fait préalablement séjourner dans de grands réservoirs nommés parcs, et alimentés par de l'eau de mer.

La situation des parcs, le fond sur lequel ils reposent, la nature de leur eau plus ou moins limpide, influe beaucoup sur la qualité des huîtres. Les parcs qui ont le plus de réputation sont ceux de Courseulles, de Dieppe, de Tréport et de Caen.

Les huîtres vertes ne forment pas une espèce particulière; leur teinte verte provient de leur séjour dans les eaux de certains parcs, rendues verdâtres par la grande quantité des plantes qui y croissent.

PÊCHE AUX HUITRES PERLIÈRES.

Les huîtres connues sous le nom d'huîtres perlières ne sont pas, comme on pourrait le penser, les seuls mollusques bivalves qui fournissent des perles. Tous les coquillages tapissés d'une couche de substance nacrée peuvent renfermer des perles; mais la pêche de ces perles, généralement petites et sans éclat, n'a aucune importance relativement à la pêche des huitres perlières, qui se fait à Ceylan, à Ormus et dans d'autres parages du golfe Persique.

Les perles qu'on trouve dans les mollusques sont le résultat d'une lésion causée à l'animal, par l'introduction d'un corps étranger dans sa coquille, soit que ce corps la perfore, soit qu'il y entre quand elle est ouverte. La substance qui compose la perle est exactement la même que celle qui tapisse la coquille dans laquelle vit l'animal. Seulement la substance qui tapisse les valves y est étendue en couches plates, et celle qui constitue la perle s'enroule en couches concentriques autour d'un noyau central, qui est ordinairement le corps étranger cause première de sa formation.

Dans tout l'Orient, la pêche des

huîtres perlières s'exécute à peu près de la même manière. Ce sont des plongeurs qui, le pied passé dans un étrier auquel est suspendue une lourde pierre pour que ce poids accélère leur descente, vont quelquefois jusqu'à une profondeur de vingt-cinq mètres ramasser les huîtres.

Arrivés où gisent ces huîtres, ils se hâtent d'en remplir le plus lestement possible un panier qu'ils ont descendu avec eux, mais dont leurs compagnons restés dans la barque tiennent la corde; quand ils éprouvent le besoin de respirer, ils impriment une forte secousse à la corde de la pierre, dégagent leur pied de l'étrier, lâchent également le panier, et s'aidant de leurs pieds, de leurs mains et de la corde de la pierre, ils gagnent presque toujours la surface de l'eau avant la pierre elle-même, quoique leurs compagnons halent celle-ci de toutes leurs forces.

Il a été constaté par des observations soigneusement faites, que les plongeurs de l'île de Ceylan demeurent communément sous l'eau pendant quatre-vingts secondes ; un seul plongeur, le jour de l'expérience, dépassa d'une manière notable ce temps déjà fort long ; son immersion complète dura cent dix-huit secondes ; mais cet homme paraissait très-fatigué de son exploit, et son travail du reste de la journée s'en ressentit.

Une fois pêchées, on dépose les huîtres dans des parcs, où on les laisse entrer en putréfaction. Alors on les ouvre, on réunit en tas leurs chairs décomposées, et par des lavages successifs on extrait de cette masse infecte les perles qui s'y trouvent mêlées.

Les pauvres diables condamnés par leur pauvreté à cette dégoûtante opération sont exposés à contracter d'affreuses maladies. Souvent même les émanations délétères qui s'exhalent de ces parcs se répandent dans les contrées environnantes, empoisonnent l'atmosphère et donnent naissance à des fièvres contagieuses accompagnées presque toujours de quelques symptômes du choléra-morbus.

Il suffit de réfléchir à la rareté des perles, et aux dangers de toute sorte qui menacent ceux qui se livrent à leur pêche et à leur récolte, pour comprendre la haute valeur qu'on attache, depuis Moïse, à cet objet de luxe. Une autre cause de cette haute valeur, c'est que la matière constitutive de la perle est loin d'avoir la dureté des pierres fines. Il s'ensuit qu'une parure en perles s'use, se ternit et devient tout à fait hors de service; tandis que le rubis, le diamant, etc., sont presque indestructibles.

PÉCHE AUX CREVETTES.

Les crevettes (salicoques, bouquets, chevrettes, grenades, etc.) se prennent avec un filet léger formant un grand sac, maintenu ouvert par une traverse de bois surmontée d'un demi-cercle également en bois. Un long manche en sapin sert à pousser devant soi, en l'appuyant sur le sable, cette espèce de drague.

On pêche des crevettes surtout par le beau temps et en été. Pour cela, il faut entrer dans l'eau jusqu'à la ceinture, et ne pas faire la moindre attention aux lames inciviles qui de temps en temps escaladent votre tête. Cet exercice exige de l'habitude, de l'adresse, et il n'est pas sage d'en essayer, si l'on ne sait pas nager passablement; car en poussant son bouteux (c'est un des noms de ce filet), on va souvent plus loin qu'on n'en avait l'intention; on trouve un trou, ou bien on est culbuté par une lame : dans ces deux cas, quelques brassées faites à propos suffisent ordinairement pour tirer d'affaire l'apprenti et pour lui permettre de continuer sa pêche.

Je recommande la pêche des crevettes aux personnes qui vont prendre
les bains de mer en prévision des maladies futures. C'est une manière fort
agréable de passer une demi-heure
dans l'eau salée : si elle était plus
connue, elle aurait l'avantage d'éloigner des établissements les vigoureux,
dont les joyeux et bruyants ébats trou-
blent ces intéressants valétudinaires
qui prennent leur bain de mer avec la
modération, le calme et le sérieux
nécessaires à qui veut exécuter en
conscience l'ordonnance de son doc-
teur.

Il y a deux espèces de crevettes.
L'une, peu estimée, est petite et grise
après la cuisson. L'autre, qui sort de
la marmite ornée d'une jolie couleur
rose, est reconnaissable à sa taille (il
y en a de la grosseur du pouce) et à la
scie aux dents aiguës qui arme sa tête.
Celle-ci est un mets recherché, et surtout très-goûté de l'amateur qui se l'est
procuré à ses risques et périls.

Les crevettes de la première espèce se trouvent dans les flaques d'eau que laisse la mer; celles de la seconde espèce viennent avec la marée et la suivent dans sa retraite. Elles se tiennent de préférence sur les fonds unis, sablonneux, et s'approchent très-près du rivage quand le vent souffle légèrement de terre.

III

PARCS ET PÊCHERIES.

En général on appelle parcs et pêcheries tous les enclos qu'on établit au bord de la mer, soit en pierres, soit en filets, pour renfermer le poisson qui s'approche de la côte avec la marée.

On peut construire ces enclos de dix manières différentes ; chaque pays a sa méthode, parce que la configuration du rivage et la nature des matériaux qu'on peut y consacrer varient à l'infini. Quelquefois on se borne à fermer par un mur une petite anse naturelle. Quand la mer est haute, le poisson passe par-dessus le mur que l'eau couvre ; mais bientôt la mer baisse, la crête du mur apparaît, et le poisson, ne trouvant plus d'issue pour regagner le large, reste, à mer basse, à sec sur le sable.

Ces murs, bâtis en larges pierres plates posées debout, et fortement liées entre elles par leurs aspérités, doivent être d'une grande solidité, car ils ont à supporter la pression de la marée et le choc des lames ; malgré leur peu d'élévation, ces murs ne peuvent résister à ces deux agents de destruction qu'en leur offrant une masse compacte et invulnérable sur tous les points.

D'autres fois on bâtit sur la plage une enceinte circulaire, ou à peu près. Dans ce cas, c'est un grand travail, puisque tout est à faire, et qu'au lieu d'un simple mur il faut construire un enclos.

Dans beaucoup d'endroits on ménage une porte au mur de la pêcherie, et l'on dispose devant son ouverture une nasse ou un verveux destiné à arrêter le poisson.

Enfin, on établit une autre espèce de pêcherie avec des filets qui, fixés à une rangée de pieux, remplacent la muraille dont je parlais tout à l'heure. Ce sont de véritables parcs portatifs, qu'on tend et qu'on détend à volonté. Ils servent surtout à prendre les poissons qui ne fréquentent une côte que pendant certains mois de l'année.

Mais, à part quelques rares exceptions, tous ces parcs sont d'un produit tellement insignifiant, que s'il n'en existait pas depuis un temps immémorial, je doute fort que les habitants de notre littoral se donnassent la peine de les installer. Ils s'en servent parce qu'ils en ont hérité et que leur exploitation n'exige aucun travail, puisqu'il suffit d'aller y ramasser ce que le flot y a laissé.

Anciennement la pêche était peu active, par l'excellente raison qu'il fallait peu de poisson pour satisfaire aux besoins des riverains, qui seuls en consommaient, et qui d'ailleurs manquaient de moyens de transport pour l'expédier au loin ; il est fort probable qu'alors les parcs retenaient assez de poisson pour payer leurs frais de construction. Mais aujourd'hui que des milliers de bateaux armés d'engins, tous plus savamment meurtriers les uns que les autres, font aux poissons une guerre incessante, certains qu'ils sont de trouver toujours une locomotive, une diligence ou une guimbarde prête à acheter leur marée, le poisson, traqué, harcelé, décimé, ne se hasarde plus comme autrefois à venir flâner le long du rivage, et pour l'attraper il faut un piége moins naïf que la muraille d'un parc.

FIN.

TABLE

PREMIÈRE PARTIE.

PÊCHE FLUVIALE.

CHAPITRE I. — I. Poissons d'eau douce.— II. Engins de pêche. — Filets , Nasses. — III. Pêche à la Ligne. 1

CHAPITRE II. — De quelques Pêches spéciales. . 68

DEUXIÈME PARTIE.

PÊCHE MARITIME.

CHAPITRE I. — I. Grande Pêche. — II. Pêche de la Baleine. — III. Pêche du Cachalot. — IV. Pêche de la Morue. 85

CHAPITRE II. — Pêche côtière. — I. Bateaux employés à cette pêche. — II. Engins divers. . . 131

CHAPITRE III. — De quelques pêches particulières. — I. Pêche à la main dans l'Océanie. — II. Pêches aux Moules. — Aux Crustacés. — Aux Huîtres. — Aux Huîtres perlières. — Aux Crevettes. — III. Parcs et Pêcheries. 158

Tours, imp. Mame.